Adaptive Regelungssysteme

Adaptive Regelungssysteme II

Entscheidungsprozesse und Anwendungsbeispiele

von Wolfgang Weber, Universität Karlsruhe

Mit 65 Abbildungen

Akademie-Verlag · Berlin

Erschienen im Akademie-Verlag GmbH, 108 Berlin, Leipziger Straße 3–4
Von R. Oldenbourg, München, genehmigte Lizenzausgabe

Lizenznummer: 202 · 100/597/71
Gesamtherstellung: VEB Druckhaus „Maxim Gorki“, 74 Altenburg
Bestellnummer: 761 409 3 ES 20 H 1/20 K 2/20 K 3

Inhalt

Vorwort

Das Problem der regelungstechnischen Beherrschung stark zeitvarianter Prozesse läßt sich häufig nur durch Anpassung der Reglereigenschaften an die betrieblich schwankenden Eigenschaften der Regelstrecke lösen. Systeme dieser Art werden als „Adaptive Regelungssysteme" oder als „Selbsteinstellende Regelungssysteme" bezeichnet.

Stets muß hierbei die Aufgabe der „Prozeßerkennung", d. h. der ständigen Identifikation der zeitvarianten Streckeneigenschaften gelöst werden. Den Prinzipien zur Lösung dieser Aufgabe sowie der Darstellung der Grundfunktionen bei einem adaptiven Regelungssystem ist der diesem zweiten Teilbändchen „Adaptive Regelungssysteme II" vorausgeschickte Teil „Adaptive Regelungssysteme I" gewidmet.

Im vorliegenden zweiten Teil werden Entscheidungsprozesse und Anwendungsbeispiele behandelt.

Im „Entscheidungsprozeß" wird die Aufgabe gelöst, die Ergebnisse der Identifikation in geeignete Adaptionsmaßnahmen umzusetzen. Die Prinzipien, nach denen sich Entscheidungsprozesse auswählen lassen, werden im Abschnitt 1 des vorliegenden Bändchens behandelt. Das hier gegebene Begriffsschema wird durch die Darstellung einer Anzahl typischer Entscheidungsprozesse beispielhaft erläutert. Ein besonders praktikables Entscheidungsverfahren wird eingehend geschildert.

Die durch den Entscheidungsprozeß veranlaßte Adaption des Reglers wird durch die „Reglermodifikation" realisiert. Die am häufigsten angewandten Arten der Reglermodifikation sind im Abschnitt 2 dargestellt.

Um zu zeigen, wie sich die abgehandelte Methodik im konkreten Fall einsetzen läßt, wird im dritten Abschnitt eine Anzahl technischer Anlagenprobleme behandelt. Neben einigen Beispielen aus dem Bereich der Luftfahrt finden sich hier vor allem Aufgabenstellungen aus den Gebieten der elektrischen Anlagentechnik und der mechanischen Verfahrenstechnik, die zeigen, wie die Anwendung adaptiver Methoden gegenwärtig auch in diese Gebiete eindringt.

Der vierte Abschnitt ist abschließenden Betrachtungen über die Grenzen adaptiver Methoden in der Regelungstechnik gewidmet.

Wie dem ersten Teil ist auch dem vorliegenden zweiten Teil eine Sammlung chronologisch geordneten, weiterführenden Schrifttums beigefügt.

Mai 1969 — Wolfgang Weber, Karlsruhe

1. Entscheidungsprozeß

Im Entscheidungsprozeß wird die durch die Identifikation erhaltene Information über den Zustand des zu regelnden (steuernden) Prozesses verarbeitet und in Maßnahmen umgesetzt, die durch die Modifikation des Reglers ausgeführt, zu einem erwünschten Verhalten der gesamten adaptiven Anlage führen.

Der Entscheidungsprozeß umfaßt also die „Spielregeln", nach denen sich der Regler einer veränderlichen Strecke anpassen muß. Diese „Spielregeln" müssen beim Entwurf eines adaptiven Systems festgelegt werden. Die Anzahl der Möglichkeiten, die hierbei bestehen, ist sehr groß. Im Bild 1/1 ist eine schematische Übersicht über die Kriterien zur Durchführung des Entscheidungsprozesses angegeben [1.16]. Dort wird unterschieden zwischen Systemen mit Extremwertkriterien und solchen mit Festwertkriterien. Entscheidungsprozesse mit Extremwertkriterien führen zu einer Reglermodifikation, die erst beendet ist, wenn der zugrundegelegte Güteindex einen Maximal- (oder Minimal-)wert aufweist. Im Gegensatz dazu werden bei Systemen mit Festwertkriterium bestimmte Kenndaten des Systems auf vorgegebenen Werten gehalten.

Als Entscheidungsprozeß ist im Grunde jeder Zusammenhang zwischen Daten der Strecke und Daten des Reglers brauchbar, wie er beim Entwurf konventioneller Regelungen benutzt wird. Auch dort werden ja die Reglereigenschaften in Abhängigkeit von den Streckeneigenschaften nach bestimmten Kriterien ausgewählt bzw. errechnet. Diese Kriterien können entweder Festwertkriterien sein, wie etwa die Phasenreserve des Frequenzganges des

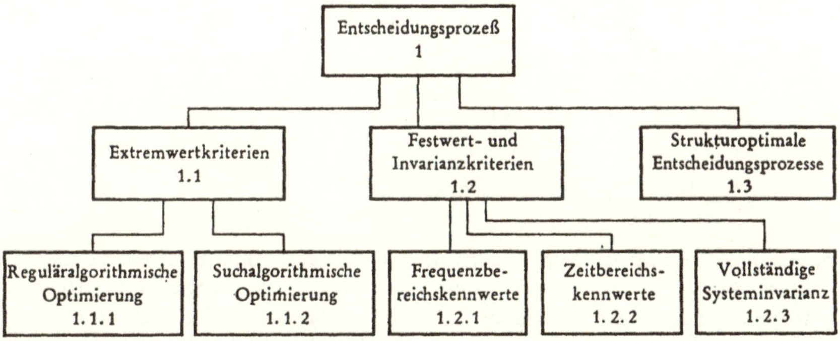

Bild 1/1

Kriterien zur Durchführung des Entscheidungsprozesses

offenen Regelkreises, oder Extremwertkriterien, wie etwa die bei der klassischen Parameteroptimierung benutzten Integralkriterien.
Solche Entwurfszusammenhänge der konventionellen Regelungstechnik lassen sich bei adaptiven Regelungssystemen als Entscheidungsprozeß einsetzen, wobei hier allerdings die veränderlichen Streckeneigenschaften ständig durch die Identifikation ermittelt werden müssen, um damit dann die notwendigen Veränderungen der Reglereigenschaften zu errechnen.
Die im Bild 1/1 durchgeführte Aufgliederung der verschiedenen Entscheidungsprozesse soll im folgenden eingehend betrachtet werden.

1.1 Benutzung von Extremwertkriterien

Die Benutzung von Extremwertkriterien in adaptiven Regelungssystemen schafft einen exakten Wertmaßstab für die optimale Einstellung des Systems. Regelungssysteme mit Extremwertindex werden auch als *selbstoptimierend* bezeichnet.
Extremwertkriterien können einerseits *natürliche Gütekriterien* wie Wirkungsgrade, auf die Unkosten bezogene Produktionsmengen und ähnliches sein, deren Sinnfälligkeit unmittelbar ins Auge springt. Auf der anderen Seite können *Integralkriterien* benutzt werden. Es ist aus der Theorie linearer Regelungssysteme bekannt, daß man bei bekannter Struktur der Regelstrecke einen Regler fester Struktur (z. B. einen PI-Regler) optimal im Sinne bestimmter Güteindizes einstellen kann. Diese Gütekriterien beziehen sich häufig auf die Störübergangsfunktion $x(t)$, bisweilen auch auf die Regelabweichung x_w bei einem Führungsgrößensprung und fordern, daß bestimmte Funktionale von $x_w(t)$, die die Güteindizes darstellen, minimiert werden sollen.
Solche Forderungen sind z. B.

$$Q = \int_0^\infty |x_w(t)|\,\mathrm{d}t \stackrel{!}{=} \mathrm{Min},$$

$$Q = \int_0^\infty x_w^2(t)\,\mathrm{d}t \stackrel{!}{=} \mathrm{Min}, \tag{1.1}$$

$$Q = \int_0^\infty |x_w(t)| \cdot \mathrm{d}t \stackrel{!}{=} \mathrm{Min}.$$

Schon die Vielzahl derartiger Kriterien (mehr als 20 sind näher untersucht und miteinander verglichen worden, ohne mehr als qualitative Aussagen zu gewinnen) zeigt, daß die erforderliche Entscheidung für ein bestimmtes Kriterium nicht mehr so unmittelbar einleuchtend ist wie bei den natürlichen Gütekriterien. Bei dieser Wahl ist also eine gewisse Willkür unvermeidlich.

Immerhin gibt es bestimmte Auswahlrichtlinien. Zunächst wird man sich fragen müssen, ob der gewählte Güteindex überhaupt ein ausgeprägtes Minimum besitzt. Der Güteindex $Q = \int_0^\infty x_w(t)\,\mathrm{d}t$ etwa führt nur dann zu einem vernünftigen Minimum, wenn man eine Zusatzforderung an die Dämpfung des Gesamtsystems stellt, also z. B. Aperiodizität des Einschwingvorganges der Übergangsfunktion verlangt. Weiterhin zeichnen sich besonders diejenigen Integralkriterien durch große regelungstechnische Sinnfälligkeit aus, die die Zeit t in ihrem Integranden enthalten, wie etwa das ITAE-Kriterium, bei dem $Q = \int_0^\infty t\,|x_w(t)|\,\mathrm{d}t$ zu einem Minimum gemacht werden muß. Bei ihnen wird der anfänglich große Fehler nicht so stark bewertet wie bei den anderen Kriterien. Erst mit wachsendem t steigt das Gewicht von Abweichungen der Regelgröße x.
Ganz wesentlichen Einfluß auf das Aussehen des adaptiven Regelungssystems übt die Auswahl eines Integralindex aber vor allem von dem Gesichtspunkt seiner Berechenbarkeit her aus. Im Gegensatz zur klassischen Optimierung zeitinvarianter Regelkreise müssen ja bei einem selbstoptimierenden Regelungssystem die Eigenschaften des Reglers, meist also seine Parameter r_i, stets so verändert werden, daß $Q(r_i)$ durch die r_i stets auf den Minimalwert gebracht wird. Läßt sich das Minimum von Q berechnen, so kann man stets einen formelmäßigen Zusammenhang zwischen den Streckenparametern s_k und den optimalen Reglerparametern r_i angeben, der Q zu einem Minimum macht. Es soll dann von „reguläralgorithmischer Optimierung" gesprochen werden. Kann dagegen kein solcher formelmäßiger Zusammenhang angegeben werden, so kann das selbstoptimierende Regelungssystem nur mit einem suchalgorithmischen Entscheidungsprozeß ausgestattet werden. Auch die Berechenbarkeit eines Güteindex stellt also ein wesentliches Auswahlkriterium dar.

1.1.1 Reguläralgorithmische Optimierung

Das Ziel der Optimierung ist es, den Güteindex Q auf sein Minimum (oder Maximum) zu bringen. Bei der reguläralgorithmischen Optimierung läßt sich dieses Minimum formelmäßig fassen. Eine notwendige Bedingung, die hierbei ausgenutzt werden kann, ist die Forderung, daß die Ableitungen von Q nach allen Reglerparametern r_i verschwinden. Man errechnet zunächst

$$Q = f(r_i, s_k) \tag{1.2}$$

und bildet dann die Ableitungen

$$\frac{\partial Q}{\partial r_i} = 0. \tag{1.3}$$

(1.3) stellt eine notwendige Bedingung dafür dar, daß Q in bezug auf die r_i minimal ist, sofern keine Beschränkungen der r_i zu berücksichtigen sind. Im Einzelfall muß entschieden werden, ob es sich wirklich um das gesuchte absolute Minimum der Funktion Q handelt.

In günstigen Fällen lassen sich die Beziehungen (1.3) in die Form

$$(1.4) \qquad r_i = f_i(s_k)$$

auflösen. (1.4) stellt dann eine Strukturvorschrift für den Entscheidungsprozeß dar. Durch Realisierung von (1.4) im Entscheidungsprozeß kann dieser bei von der Identifikation gelieferten Parametern s_k der Regelstrecke stets diejenigen Parameter des Reglers errechnen, die dem Güteindex Q

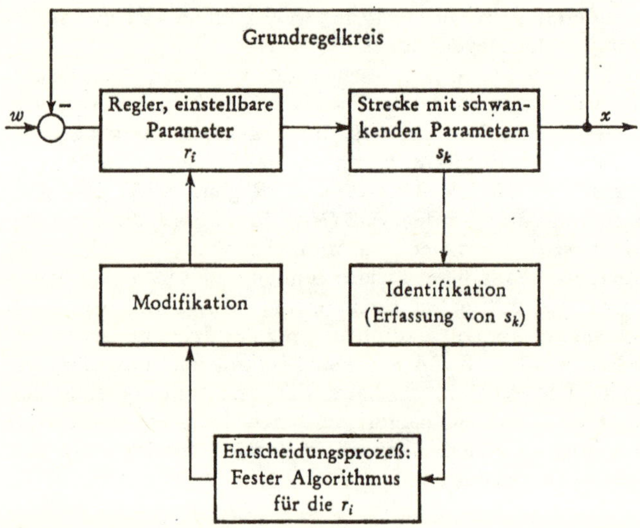

Bild 1/2

Reguläralgorithmische Optimierung eines Güteindex

seinen Minimalwert verleihen. Ändern sich die Streckenparamter s_k, so wird sich im allgemeinen auch die Lage des Minimums von Q verschieben. Durch immer wiederholte Anwendung des Entscheidungsprozesses kann das selbstoptimierende System diesen Änderungen aber stets folgen.

Ein Prinzipplan zu einer reguläralgorithmischen Adaption ist im Bild 1/2 angegeben.

Als Beispiel für eine reguläralgorithmische Optimierung sei ein Regelkreis gemäß Bild 1/3 betrachtet. Eine Zeitkonstante T_2 seiner Strecke ist zeitvariant. Der Verstärkungsfaktor V des Reglers soll stets so eingestellt werden, daß die quadratische Regelfläche zu einem Minimum wird. Bei sprungförmiger Erregung der Führungsgröße w soll also

$$I = \int_0^\infty x_w^2(t)\,\mathrm{d}t \tag{1.5}$$

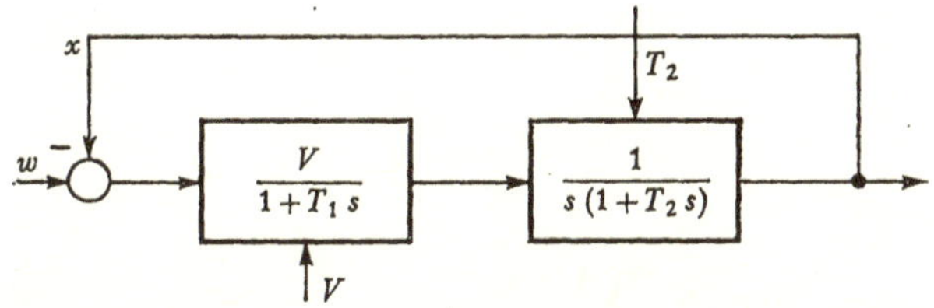

Bild 1/3
Regelkreis mit varianter Streckenzeitkonstante und zu adaptierender Reglerverstärkung

durch V zu einem Minimum gemacht werden. Auf Grund der Parsevalschen Gleichung kann für (1.5)

$$I = \frac{1}{2\pi j}\int_{-j\infty}^{+j\infty} X_w(s)\,X_w(-s)\,\mathrm{d}s$$

$$= \frac{1}{2\pi j}\int_{-j\infty}^{+j\infty} \frac{1}{s}\,\frac{s(1+T_1 s)(1+T_2 s)}{s(1+T_1 s)(1+T_2 s)+V} \tag{1.6}$$

$$\cdot \frac{1}{(-s)}\,\frac{(-s)(1-T_1 s)(1-T_2 s)}{(-s)(1-T_1 s)(1-T_2 s)+V}\,\mathrm{d}s$$

geschrieben werden, wobei $s = j\,\infty$ ist. Dieser Ausdruck läßt sich mit dem Residuensatz auswerten [1.13, 1.14] und ergibt

$$I = \frac{1}{2}\,\frac{V(T_1+T_2)^2 - VT_1T_2 + (T_1+T_2)}{V(T_1+T_2-VT_1T_2)}. \tag{1.7}$$

Eine notwendige Bedingung für ein Minimum der Funktion $I = I(Q)$ ist

$$\frac{\partial I}{\partial V} = 0. \tag{1.8}$$

Anwendung von (1.8) auf (1.7) führt auf eine quadratische Gleichung für den optimalen Wert von V. Dieser ergibt sich dann daraus als

$$V_{\text{opt}} = \frac{T_1+T_2}{T_1T_2 + (T_1+T_2)\cdot\sqrt{T_1\cdot T_2}} = f(T_2). \tag{1.9}$$

Die Beziehung (1.9) stellt einen brauchbaren reguläralgorithmischen Entscheidungsprozeß dar, der sich z. B. in Form einer Kennlinie $V = V(T_2)$ realisieren läßt. Im Bild 1/4 ist diese Kennlinie für den Fall $T_1 = 1$ s angegeben.

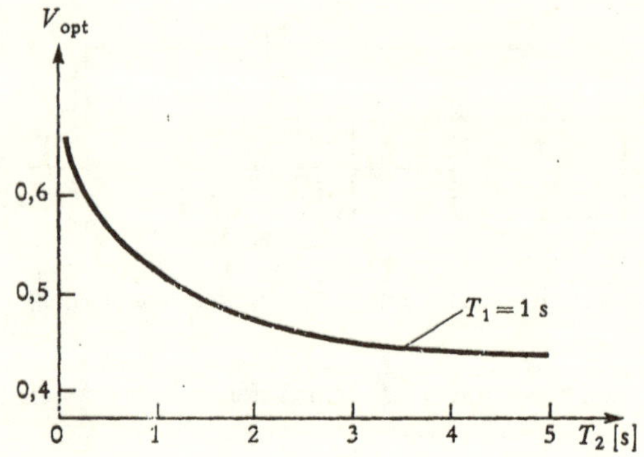

Bild 1/4

Abhängigkeit der optimalen Verstärkung von der Streckenzeitkonstanten T_2

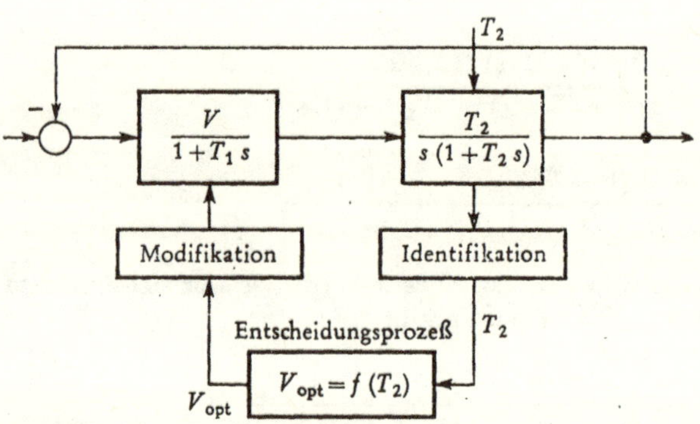

Bild 1/5

Reguläralgorithmische Optimierung

Bild 1/5 zeigt den vollständigen reguläralgorithmischen adaptierten Regelkreis. Bemerkenswert ist insbesondere bei der reguläralgorithmischen Optimierung eines Güteindex, daß dieser selbst nicht gemessen werden muß, sondern daß die Identifikation nur die s_k der Strecke erfassen muß. Bei der suchalgorithmischen Optimierung ist es, wie der nächste Abschnitt ausführt, gerade umgekehrt.

Zuvor sei noch darauf hingewiesen, daß zwischen dem Güteindex eines Regelkreises und dem Güteindex eines selbsteinstellenden Bezugsmodells unterschieden werden muß. Im Bild 1/6 ist gezeigt, wie auf der einen Seite die Identifikation mit Bezugsmodell und einem Modellgüteindex $Q_m(\varepsilon)$ durchgeführt wird, auf der anderen Seite der Entscheidungsprozeß das Gleichungssystem (1.4) realisiert, mit dem ein Systemgüteindex Q zu einem Minimum gemacht wird. Das Bezugsmodell dient hier nur zur Ermittlung der Parameter s_k der Regelstrecke.

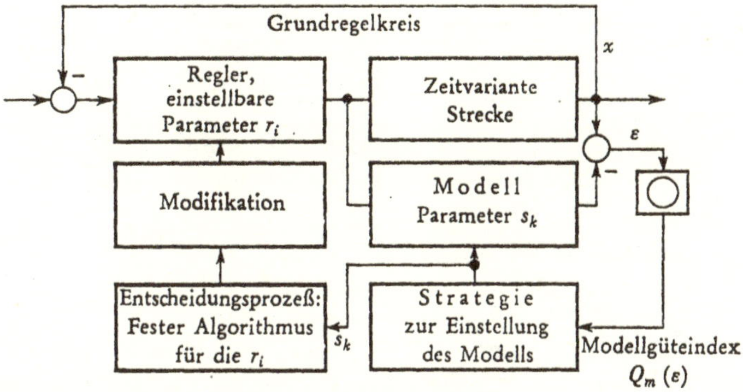

Bild 1/6
Zur Unterscheidung vom Modellgüteindex und Systemgüteindex

1.1.2 Suchalgorithmische Optimierung

Gelingt es nicht, wie im vorigen Abschnitt besprochen, für den Systemgüteindex Q eine entsprechende Berechnung durchzuführen, so kann der Extremwert von Q mit Hilfe einer Suchstrategie eingestellt werden. Das Vorgehen hierbei ist durch die Skizze im Bild 1/7 angedeutet. Die Aufgabe der Identifikation besteht darin, den Güteindex zu erfassen, d. h. festzustellen, ob er seinen Extremwert aufweist oder in welcher Richtung man sich diesem nähern kann. Der Entscheidungsprozeß enthält eine Suchstrategie, die zur gezielten Veränderung der r_i führt. Die r_i werden so lange verändert, bis der Güteindex auf seinen Extremwert gebracht ist.
Man erkennt, daß hier im Gegensatz zur reguläralgorithmischen Optimierung nicht die Parameter s_k der Strecke erfaßt werden müssen, sondern daß der Güteindex Q identifiziert werden muß.
Bei Entscheidungsprozessen mit Extremindex ist die Einstellung von dessen Extremwert der durch das adaptive System zu erzeugende Zustand. Der Wert des Güteindex ist hierbei sowohl von den Parametern der Regelstrecke bzw. eines Bezugsmodells dieser Strecke als auch von den Parametern des Reglers abhängig. Beeinflußt werden kann er jedoch nur durch die Para-

meter des Reglers. Gibt es insgesamt n beeinflußbare Reglerparameter $r_1, r_2, r_3, \ldots, r_n$, so bildet die gewählte Funktion des Güteindex über dem Reglerparameterraum ein „Gebirge" $Q(r_1, r_2, \ldots, r_n)$. Die Wertekombination, bei der Q extremal ist, muß im Regler eingestellt werden.

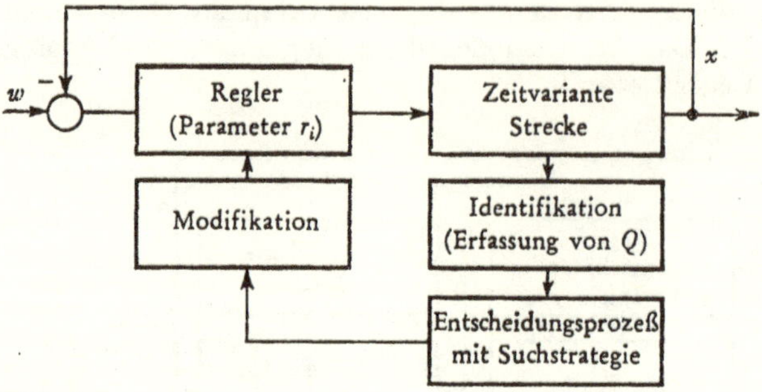

Bild 1/7
Suchalgorithmische Optimierung eines Güteindex

Zur Veranschaulichung eines Suchprozesses sei im folgenden der zweidimensionale Fall betrachtet. Der Regler besitzt also nur zwei Parameter r_1 und r_2, durch die auf die Gütefunktion Einfluß genommen werden kann. Ein Beispiel eines solchen „Funktionsgebirges" ist im Bild 1/8 durch die Niveaulinien verdeutlicht. Der Entscheidungsprozeß besteht darin, die optimale Einstellung des Reglers zu finden, also die Werte $r_{1\mathrm{opt}}$ und $r_{2\mathrm{opt}}$, die der Gütefunktion das Minimum verleihen. Im Bild 1/8 ist nun eine Suchprozedur angegeben, die dies bewirkt. Die Reglereinstellung sei anfangs so, daß der Suchprozeß im Punkt A beginnt. Von A aus werden nun vier Suchschritte $+\Delta r_1$, $-\Delta r_1$, $+\Delta r_2$ und $-\Delta r_2$ vollzogen, d. h. die Reglerparameter r_1, r_2 werden probeweise verändert. Jedesmal wird der Güteindex in seinem Wert berechnet. Soll z. B. das ITAE-Kriterium benutzt werden, so muß

$$Q = \int_0^\infty t\,|h(\infty) - h(t)|\,\mathrm{d}t \tag{1.10}$$

berechnet werden, worin $h(t)$ die Führungsübergangsfunktion des Kreises ist. Die Integration wird jedoch nur bis zu einem endlichen Zeitwert erstreckt, etwa bis der Einschwingvorgang abgeklungen ist. Um $h(t)$ zu erhalten, muß man die Führungsgröße nicht sprungförmig verändern, sondern man kann ein Identifikationsverfahren, etwa das im Abschnitt 2.4.1 beschriebene Verfahren mit Kreuzkorrelation anwenden, das die Gewichtsfunktion eines Systems zu bestimmen gestattet. Durch Integration dieser Gewichtsfunktion ist $h(t)$ bekannt und damit auch Q.

Die vier Suchschritte ergeben so vier verschiedene Werte von Q. Derjenige Suchschritt, der den kleinsten Wert von Q liefert, wird endgültig durchgeführt, indem die Reglerparameter entsprechend verändert werden. Durch Wiederholung dieser Prozedur wird der Regler so lange verstellt, bis mit r_{1opt} und r_{2opt} die günstigste Reglereinstellung erreicht ist. Die Suchschritte können natürlich, besonders in der letzten Phase der Suche, verkleinert werden. Eine andere Variation ist die Anpassung der Suchschrittgröße an die Größe der Q-Änderung. So gibt es noch eine größere Anzahl von Verbesserungsmöglichkeiten, die allerdings den Aufwand weiter erhöhen.

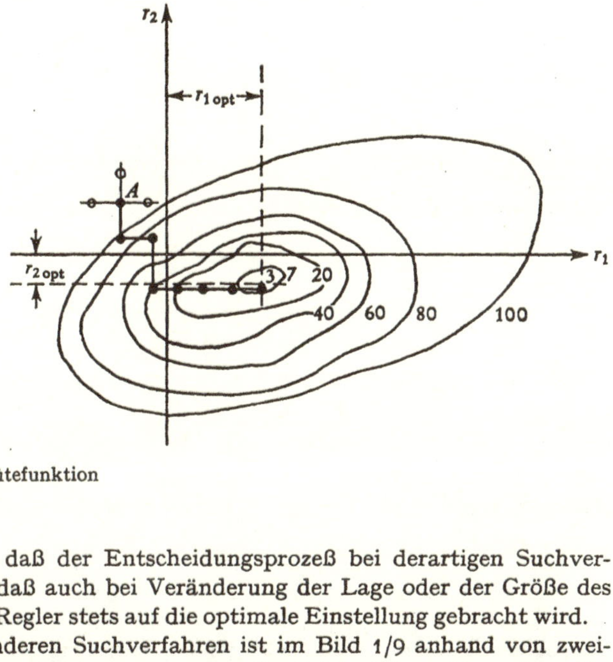

Bild 1/8
Suchprozeß bei einer Gütefunktion

Bemerkenswert ist, daß der Entscheidungsprozeß bei derartigen Suchverfahren dafür sorgt, daß auch bei Veränderung der Lage oder der Größe des Güteminimums der Regler stets auf die optimale Einstellung gebracht wird.

Eine Anzahl von anderen Suchverfahren ist im Bild 1/9 anhand von zweidimensionalen Parameterräumen veranschaulicht. Die zeilenweise Abtastung, auch als „blindes Suchen" bezeichnet, ist im Diagramm A dargestellt. Eine vollständig statistische Suche sei durch Diagramm B angedeutet. Nach einer gewissen Suchzeit wird die Parametereinstellung (r_1, r_2) als optimal gewählt, bei der Q ein Minimum war. Die Gauss-Seidel-Methode ist durch C beschrieben. Hierbei wird nacheinander jeder Parameter bei festen anderen Parametern bis zum relativen Minimum in bezug auf diesen Parameter verändert, bis das absolute Minimum erreicht ist. Eine Abwandlung dieses Verfahrens entscheidet vor Beginn eines Gauß-Seidel-Schrittes jeweils, welcher Parameter die Gütefunktion am stärksten verändert, und variiert diesen Parameter zuerst.

Im Diagramm D des Bildes 1/9 ist die Gradientenmethode angedeutet. Hier wird vor jedem Suchschritt der Gradient an dem betreffenden Punkt des Reglerparameterraumes ermittelt und die schrittweise Veränderung der Reglerparameter in Richtung dieses Gradienten durchgeführt. Die im Diagramm E veranschaulichte Methode des „schnellsten Fallens" arbeitet mit einer Veränderung der Reglerparameter in Richtung des Gradienten des Ausgangspunktes bis zum relativen Minimum in bezug auf Veränderung in Richtung dieses Gradienten. Eingehendere mathematische Untersuchungen zum Gradientenverfahren findet man z. B. in [1.3].

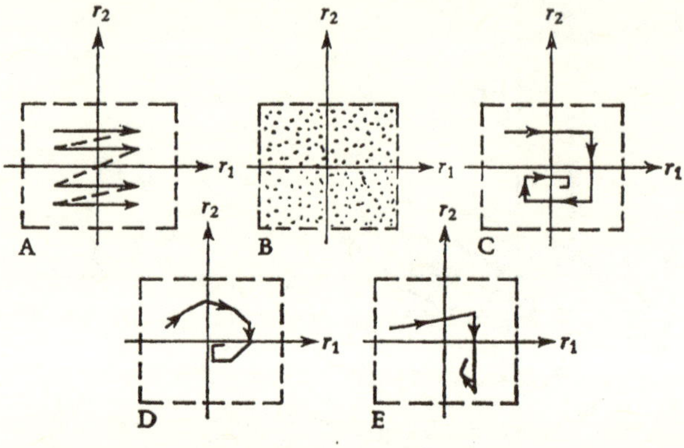

Bild 1/9
Veranschaulichung von Suchprozeduren

Neuere Untersuchungen zu Optimierungs-Strategien stammen z. B. von Mlynski [1.2] und von Lipp [1.4]. Eine sehr große Anzahl anderer Suchprozesse wurde darüberhinaus für die verschiedensten Anwendungsgebiete und mit sehr unterschiedlichen Zielsetzungen entwickelt und untersucht. Für Anwendungen in der adaptiven Regelungstechnik kommt es jedoch besonders auf den Gesichtspunkt der Schnelligkeit und weniger auf den der Genauigkeit an. Man ist am sehr genauen Erreichen des Extremwertes gar nicht so sehr interessiert, wohl aber an der Schnelligkeit, mit der man in den Bereich des Extremwertes gelangt. Viele für andere Anwendungen, etwa in der numerischen Mathematik, glänzend geeignete Suchstrategien sind, weil sie nicht schnell genug sind, für eine adaptive Regelung ungeeignet, weil sich der Prozeß zu schnell verändert, als daß bei ihrer Anwendung eine optimale Einstellung erreichbar wäre. Wichtig ist ferner, daß man nicht bei allen Suchstrategien die Einstellung auf Nebenminima vermeiden kann. Dieses Problem tritt besonders beim Gradientenverfahren und allen ähnlichen Verfahren auf, die eine Einstellung in Richtung des Gefälles der Gütefunktion verlangen. Es tritt nicht auf etwa bei der zeilenweisen Abtastung oder beim statistischen Suchen.

1.1.3 Systeme mit Kennlinienmaximum [1.1]

Eine spezielle Art von Systemen mit Güteindex stellen die Prozesse mit Kennliniengliedern mit ausgeprägtem Minimum (oder Maximum) dar, wobei das Optimum des Prozeßzustandes dann vorliegt, wenn der Prozeß im Kennlinienminimum arbeitet. Dessen Lage und Größe kann dabei zeitlich schwanken. Durch den Adaptionsprozeß muß der Systemzustand stets diesem Minimum nachgeführt werden.

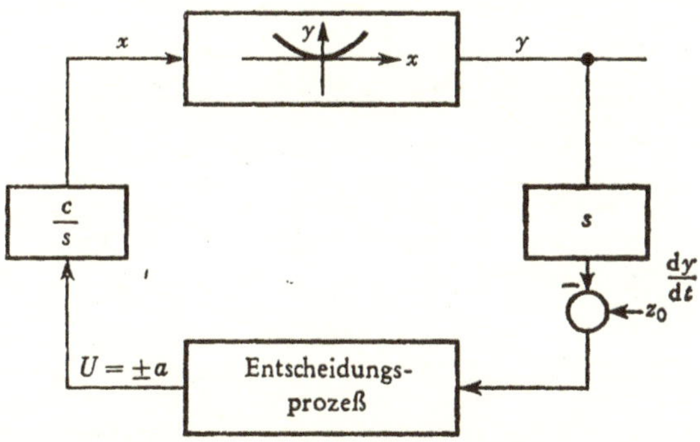

Bild 1/10
Selbstoptimierendes System mit Kennlinienmaximum

Der Identifikationsprozeß bei solchen Systemen wurde in Teil I, Abschnitt 2.3.1, behandelt. Hier sei daran angeknüpft.
Bild 1/10 zeigt die Struktur eines selbstoptimierenden Systems mit einem Kennlinienzusammenhang, der näherungsweise durch

$$y = (kx)^2 \qquad (1.11)$$

beschrieben werden kann. Durch geeignete Beeinflussung der Eingangsgröße x soll das System eine Pendelbewegung um den optimalen Punkt $y = 0$ vollziehen. Dies wird dadurch erreicht, daß x von einem Integrator erzeugt wird, dessen Eingangsgröße u zwischen $+a$ und $-a$ hin- und hergeschaltet wird. Bild 1/11 zeigt die zeitlichen Vorgänge des Systems. Die Identifikation wird durch Bildung von $\frac{dy}{dt}$ bewirkt. Erreicht $\frac{dv}{dt}$ eine obere Schranke z_0, so wird eine Kippstufe umgeschaltet. War $u = +a$, so daß x also im Wachsen begriffen war, so wird auf $u = -a$ geschaltet, so daß x wieder abnimmt. War $u = -a$, so wird auf $u = +a$ umgeschaltet, x wächst wieder an.
Im allgemeinen wird das Kennlinienglied Teil der Regelstrecke sein, also noch eine zusätzliche Eingangsgröße besitzen sowie in Verbindung mit weiteren Teilen der Strecke, z. B. Verzögerungen und Totzeitgliedern, auf-

treten. Die grundsätzlichen Überlegungen für ein derartiges selbstoptimierendes System mit Pendelbewegung lassen sich jedoch schon anhand der vereinfacht dargestellten Struktur im Bild 1/10 anstellen.

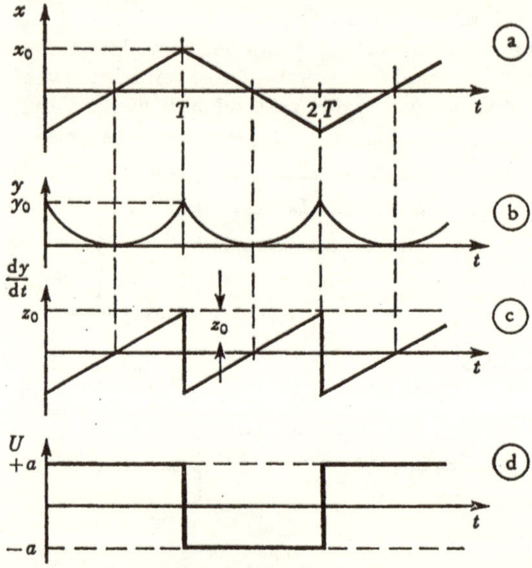

Bild 1/11
Zeitliche Vorgänge beim selbstoptimierenden System

Für die Ableitung $\frac{dy}{dt}$ ergibt sich mit (1.11) und Bild 1/11 a

$$\frac{dy}{dt} = 2k^2 x \frac{dx}{dt} = \pm 2k^2 x \frac{x_0}{T/2}. \tag{1.12}$$

Das Maximum von $\frac{dy}{dt}$ wird für x_{max} erreicht. x_{max} ist aber gleich x_0. Aus (1.12) ergibt sich also

$$z_0 = \left.\frac{dy}{dt}\right|_{max} = +4k^2 \frac{x_0^2}{T}. \tag{1.13}$$

Wegen (1.11) ist aber

$$y_0 = k^2 x^0_2. \tag{1.14}$$

Dies in (1.13) eingesetzt, führt auf

$$z_0 = \left.\frac{dy}{dt}\right|_{max} = \frac{4}{T} y_0 \tag{1.15}$$

oder auf

$$y_0 = \frac{T}{4} z_0. \tag{1.16}$$

Die Größe der Amplitude y_0, mit der das selbstoptimierende System um seinen optimalen Zustand $y = 0$ schwingt, ist also durch z_0 zu beeinflussen.
Aus Bild 1/11 a folgt ferner, daß T um so kleiner wird, je größer die Steilheit der Teilstücke von $x(t)$ ist, je größer also c ist. Es gilt

$$x_0 = c\,a\,\frac{T}{2}. \tag{1.17}$$

(1.17) in (1.14) eingesetzt, ergibt

$$T = \frac{2}{k\,c\,a}\sqrt{y_0}. \tag{1.18}$$

Mit (1.18) läßt sich (1.16) schließlich in

$$y_0 = \frac{z_0^2}{4\,(k\,c\,a)^2} \tag{1.19}$$

umformen. Die Maximalabweichung y_0 vom Optimum $y = 0$ läßt sich also durch z_0 und durch den Verstärkungsfaktor $k\,c\,a$ in gewissen, durch die Realisierung (Rauschpegel) gesetzten Grenzen beeinflussen. Der Mittelwert von $y(t)$ ist durch

$$\bar{y} = \frac{2}{T}\int_0^{T/2} y\,\mathrm{d}t = \frac{2}{T}\int_0^{T/2} k^2\left(\frac{2x_0}{T}\,t\right)^2 \mathrm{d}t = \frac{y_0}{3} \tag{1.20}$$

oder mit (1.19) durch

$$\bar{y} = \frac{z_0^2}{12\,(k\,c\,a)^2} \tag{1.21}$$

gegeben.
Wie ändern sich nun die Zusammenhänge, wenn das System noch eine Totzeit vor oder hinter der Strecke oder sowohl vor als auch hinter der Strecke von der Größe τ_1 und τ_2 aufweist (Bild 1/12)?
Die Zeitfunktionen des Systems zeigt Bild 1/13. Der Eingang des Integrators wird auch hier dann im Vorzeichen umgekehrt, wenn $\frac{\mathrm{d}y}{\mathrm{d}t}$ den Wert z_0 erreicht. Durch die Totzeiten wächst $\frac{\mathrm{d}y}{\mathrm{d}t}$ aber noch eine Zeit $\tau_1 + \tau_2$ lang auf z_0 an. Statt (1.16) gilt also

$$y_0 = \frac{T}{4} z_0'. \tag{1.22}$$

An der Periodendauer T ändert sich nichts. Aus Bild 1/13 läßt sich ablesen

$$\frac{2y_0}{T}(\tau_1 + \tau_2) = z_0' - z_0. \tag{1.23}$$

Dies ergibt mit (1.18)

$$z_0' = \frac{z_0}{1 - \dfrac{(\tau_1 + \tau_2)\,kac}{\sqrt{y_0}}}. \tag{1.24}$$

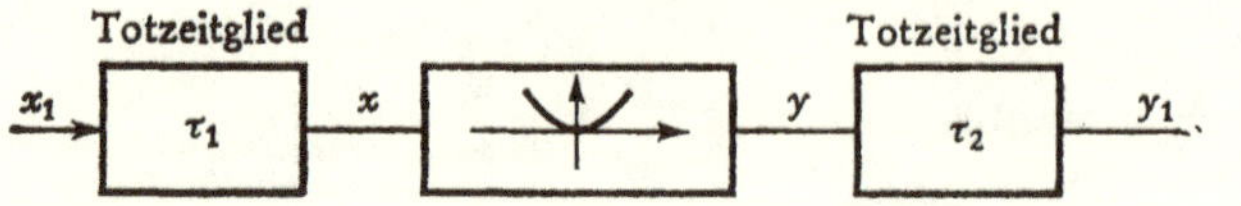

Bild 1/12
Kennlinie mit Totzeitgliedern

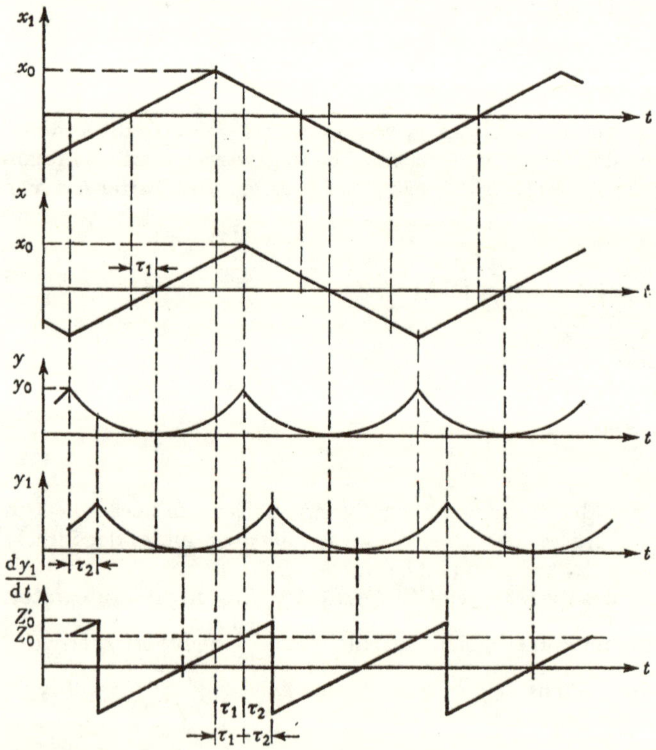

Bild 1/13
Zeitfunktionen bei Systemen mit Totzeitgliedern

Der Mittelwert der Schwingung $y(t)$ läßt sich wie oben berechnen. Er ist durch

$$\bar{y} = \frac{1}{3}\left(\frac{z_0}{2\,kac} + (\tau_1 + \tau_2)\,kac\right)^2 \tag{1.25}$$

gegeben und größer als der sich bei fehlender Totzeit ergebende. $\bar{y}$ läßt sich hier nicht mehr beliebig klein machen. Ein Minimum für $\bar{y}$ ergibt sich bei gegebenem z_0, wenn

$$kac = \sqrt{\frac{z_0}{2(\tau_1 + \tau_2)}} \tag{1.26}$$

gemacht wird. Es liegt bei

$$\bar{y}_{\min} = \frac{2}{3}\,z_0\,(\tau_1 + \tau_2)\,. \tag{1.27}$$

Das besprochene selbstoptimierende System besitzt eine periodische Systembewegung, die gleichzeitig eine Suchbewegung ist. Es leuchtet ein, daß das System, wenn etwa die Kennlinie in Richtung der Abszisse wandert, dieser Verschiebung zu folgen in der Lage ist.

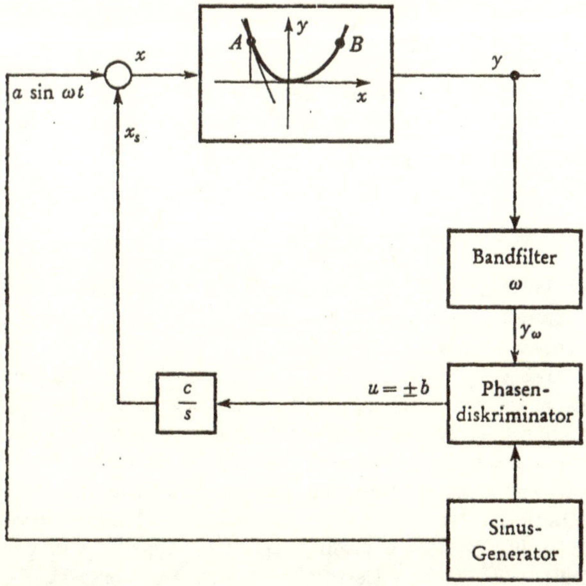

Bild 1/14

System mit Überlagerung von Suchbewegung und Systembewegung

Neben solchen Systemen mit einer Suchbewegung, die gleichzeitig Systembewegung ist, gibt es selbsteinstellende Strukturen, bei denen die Suchbewegung und die Systembewegung nacheinander ausgeführt werden sowie solche, bei denen Such- und Systembewegung verschieden sind, aber gleichzeitig erfolgen.

Für Systeme der letzteren Art sei ein Beispiel angeführt. Wiederum sei eine quadratische Kennlinie gemäß (1.11) vorausgesetzt und der optimale Systemzustand mit $y = 0$ angegeben. Der Pendelbewegung $x_s(t)$, die als Systembewegung auftritt, sei eine Suchbewegung a sin ωt mit kleiner Amplitude a überlagert (Bild 1/14). Die Frequenz ω sei groß gegenüber der Frequenz der Systembewegung $x_s(t)$. Befindet sich bei negativem $x_s(t)$ die Eingangsgröße $x(t)$ etwa im Arbeitspunkt A, so wird die Wechselgröße a sin ωt eine periodische Größe am Ausgang erzeugen, die gerade gegenphasig zur Eingangsgröße verläuft. Im Arbeitspunkt B dagegen wird die Reaktion auf die Schwingung a sin ωt gerade gleichphasig zu dieser verlaufen, da ja in diesem Arbeitspunkt eine Vergrößerung von x auch eine Vergrößerung von y bewirkt. Führt man nun die Größe $y(t)$ auf ein Filter, das nur die mit ω schwingende Komponente durchläßt, so wird eine Phasendiskrimination dieser Komponente eine Entscheidung darüber ermöglichen, ob x_s vergrößert (Arbeitspunkt A) oder verkleinert (Arbeitspunkt B) werden muß (Bild 1/14).

1.2 Benutzung von Festwertkriterien

Bei den Festwertkriterien sollen bestimmte Kenndaten des Regelkreises auf festen Werten gehalten werden. Eine mögliche Einteilung ist hierbei die Unterscheidung zwischen Frequenzbereichs- und Zeitbereichsindizes.

1.2.1 Frequenzbereichsverfahren

Bei den Frequenzbereichsverfahren werden Kenndaten des Frequenzganges oder andere frequenzabhängige Daten des Regelkreises als Festwertkriterien für den Entscheidungsprozeß benutzt.

Es wird etwa gefordert, daß die Phasenreserve des Regelkreises auf einem bestimmten Wert gehalten werden soll, z. B. auf 60°. Auch hier kann der Entscheidungsprozeß nach regulären oder nach Such-Algorithmen ablaufen, je nachdem, ob priori-Kenntnisse der Strecke vorhanden sind oder nicht.

Der Regler wird hierbei nach vorgeschriebenen Regeln (die ebenfalls zum Entscheidungsprozeß gehören) stets so eingestellt, daß 60° Phasenreserve beibehalten werden. Im einfachsten Fall kann eine solche Regel darin bestehen, daß man ermittelt, um welchen Betrag die stationäre Verstärkung des Reglers verändert werden muß, damit eine bestimmte Änderung der Phasenreserve ausgeglichen wird.

Eine andere Art von Frequenzbereichsverfahren ist die Benutzung von Entscheidungsfiltern. Zum Beispiel werden im Verfahren von MARX (s. Abschnitt 3) zwei derartige Filter, ein Hochpaß- und ein Tiefpaßfilter, benutzt. Im Verfahren von STAFFIN werden ebenfalls schmalbandige Entscheidungsfilter für den Entscheidungsprozeß eingesetzt.

Von OLDENBOURG und SARTORIUS [1.5] wurde ein sogenanntes „praktisches Optimum" für den Verlauf der Betragskennlinie des Kreises angegeben. Als günstigste Einstellung ist hiernach ein monotones Fallen dieser Kennlinie mit wachsender Frequenz angenommen.

Von SYRBE [1.6] wurde eine mathematische Beziehung zwischen den günstigsten Parametern eines PID-Reglers und den Achsabschnitten der negativ inversen Ortskurve entwickelt.

Derartige Zusammenhänge können zur Lösung des Entscheidungsproblems dienen [s. auch 1.15].

1.2.2 Zeitbereichsverfahren

Bei den Zeitbereichsverfahren werden Kenndaten bestimmter Zeitvorgänge eines adaptiven Systems erfaßt und durch Adaption des Reglers auf festen vorgeschriebenen Werten gehalten. Es kann sich bei den dem Festkriterium unterworfenen Zeitvorgängen z. B. um die Führungsübergangsfunktion handeln, für die etwa die Überschwingweite oder die Anregelzeit auf festen Werten gehalten werden sollen. Es kann sich aber auch z. B. um Kenndaten der Selbstschwingung eines Zweipunktregelsystems handeln, die stationär gleich bleiben sollen. Schließlich kann man auch Verfahren zu den Zeitbereichsverfahren zählen, bei denen im Hinblick auf das Zeitverhalten die Pol-Null-Stellenkonfiguration des offenen und des geschlossenen Regelkreises festgehalten oder geeignet beeinflußt wird.

Von CHIEN, HRONES und RESWICK [1.7] stammen Angaben über die Einstellung von PID-Reglern bei Vorgabe von bestimmten Überschwingweiten der Übergangsfunktion. Von COHEN und COON [1.8], von JUNKER [1.9] und anderen sind ähnliche Untersuchungen angestellt worden.

Von MESCH und ESS wurde ein Entscheidungsprozeß angegeben, der ebenfalls ein Kenndatum im Zeitbereich als Festwertkriterium benutzt. Es handelt sich um eine Regelstrecke mit variabler Verstärkung K, die durch einen einfachen Zweipunktverstärker mit der Sprunghöhe $2K_R$ geregelt werden soll (Bild 1/15). Ein derartiges System führt eine Selbstschwingung bestimmter Amplitude und Frequenz aus. Die Regeldifferenz x_d pendelt also mit einer bestimmten Amplitude um den Wert 0. Die Amplitude ist ein Maß für die Genauigkeit der Regelung. Bei bekannter fester Strecke läßt sie sich errechnen. Bei zeitlich variabler Strecke ändert sich jedoch diese Amplitude mit der Veränderung der Strecke. Durch eine Adaption läßt sie sich aber auf einem vorgeschriebenen Wert halten (siehe Abschnitt 3).

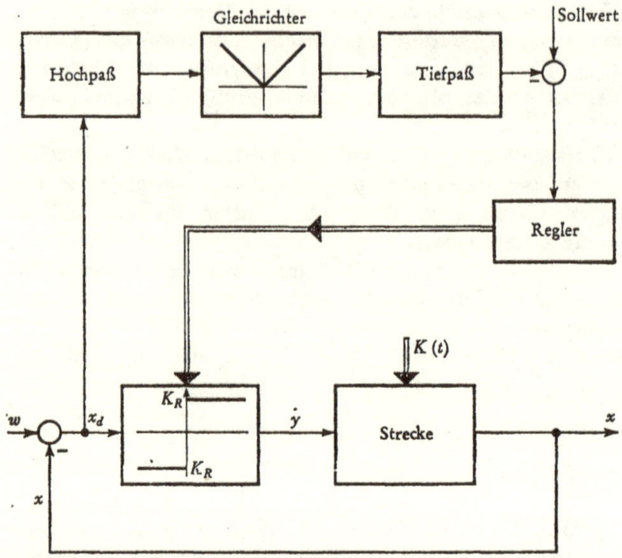

Bild 1/15

Adaption der Amplitude einer Grenzschwingung

1.2.3 Entscheidungsprozeß für vollständige Systeminvarianz

Eine ebenfalls auf die Erhaltung von bestimmten Kenndatenwerten im Zeitbereich hinzielende Methode für einen Entscheidungsprozeß ist die Vorschrift, daß alle Pole und Nullstellen des geschlossenen Regelkreises eine konstante Lage einhalten sollen. In [1.11] wurde für Strecken mit rationaler Übertragungsfunktion ein einfaches Berechnungsverfahren für die Parameter des Reglers angegeben, der in Verbindung mit der festen Strecke eine beliebig zu wählende Pol-Nullstellen-Verteilung des geschlossenen Regelkreises erzeugt.

Es wird dabei vorausgesetzt, daß die Regelstrecke und der zu synthetisierende Regler durch rationale Übertragungsfunktionen beschreibbar sind. Das Verhalten der Strecke sei durch

$$(1.28) \qquad S(s) \frac{\sum_{i=0}^{p} z_i s^i}{\sum_{i=0}^{q} n_i s^i} = \frac{z_0 + z_1 s + z_2 s^2 + \cdots + z_p s^p}{n_0 + n_1 s + n_2 s^2 + \cdots + n_q s^q} = \frac{Z(s)}{N(s)}$$

gegeben. Hierin sind die z_i und n_i reell, Zähler und Nenner mögen keine gemeinsame Wurzel aufweisen. Es gelte $p < q$ sowie $n_q \neq 0$.

Der für den Regelkreis zu errechnende Regler möge folgende Übertragungsfunktion haben:

(1.29) $$R(s) = \frac{\sum_{j=0}^{l} b_j s^j}{\sum_{j=0}^{m} a_j s^j} = \frac{b_0 + b_1 s + b_2 s^2 + \cdots + b_l s^l}{a_0 + a_1 s + a_2 s^2 + \cdots + a_m s^m} = \frac{P(s)}{Q(s)}.$$

Auch hierin seien die b_j und a_j reell und Zähler und Nenner ohne gemeinsame Wurzel. Es gelte jedoch nur $l \leqq m$.
Die zu lösende Aufgabe besteht in der Bestimmung der Polynomkoeffizienten a_j, b_j. Der geschlossene Regelkreis soll mit Hilfe dieses Reglers eine bestimmte vorgegebene Pol-Nullstellen-Verteilung in der s-Ebene erhalten. Hiervon sollen zunächst nur die Pole des geschlossenen Regelkreises betrachtet werden, während auf die Nullstellen weiter unten eingegangen wird. Diese Pole sind identisch mit den Nullstellen der Funktion

(1.30) $$N(s) = S(s)\,R(s) + 1,$$

die den Nenner der Führungsübertragungsfunktion darstellt. Für $N(s) = 0$ ergibt sich

(1.31) $$\sum_{i=0}^{p} z_i s^i \cdot \sum_{j=0}^{l} b_j s^j + \sum_{i=0}^{q} n_i s^i \sum_{j=0}^{m} a_j s^j = 0.$$

Denkt man sich die Produktbildung in (1.31) durchgeführt und nach Potenzen von s zusammengefaßt, so erhält man eine Gleichung vom Typ

(1.32) $$\sum_{r=0}^{e} L_r(a_j, b_j)\, s^r = 0 \quad \text{mit} \quad e = m + q.$$

Die höchste Potenz ist hierin wegen $p < q$ und $l \leqq m$ das Produkt $n^q s^m \times a_m s^m$. Die Koeffizienten $L_r(a_j, b_j)$ der s-Potenzen hängen von den Parametern der Strecke und des Reglers ab und sind lineare Funktionen der gesuchten Reglerparameter a_j und b_j, als deren Koeffizienten die gegebenen Streckenparameter z_i und n_i auftreten.
Unter der Voraussetzung, daß alle z_k und n_k für $k < 0$ und alle z_i bzw. n_i für $i < p$ bzw. $j < q$ den Wert 0 haben, kann man Gleichung (1.32) genauer darstellen durch

(1.33) $$\sum_{r=0}^{e} s^r (b_0 z_r + b_1 z_{r-1} + \cdots + b_1 z_{r-1} + a_0 n_r + a_1 n_{r-1} + \cdots + a_m n_{r-m}) = 0.$$

Da die a_j und b_j der Reglerfunktion und die z_i und n_i der Streckenfunktion alle reell sind, sind die durch

$$
\begin{aligned}
L_r &= b_0 z_r + b_1 z_{r-1} + \cdots + b_l z_{r-l} \\
&+ a_0 n_r + a_1 n_{r-1} + \cdots + a_m n_{r-m}
\end{aligned} \tag{1.34}
$$

definierten Koeffizienten L_r der Funktion (1.33) ebenfalls reell.

Die mit Gleichung (1.33) gewonnene charakteristische Gleichung des geschlossenen Regelkreises wurde auf Grund der Betrachtung seiner Regler- und Streckenstruktur sowie seines Aufbaues abgeleitet. Man kann ihn aber noch von einer anderen Seite her betrachten. Er soll ja eine ganz bestimmte Pol-Nullstellen-Verteilung haben, also die Eigenschaften eines formelmäßig bekannten Übertragungsgliedes annehmen, dessen Pole s_i als Zahlenwerte vorliegen. Die charakteristische Gleichung dieses Übertragungsgliedes ist gegeben durch

$$\prod_{i=1}^{e} (s - s_i) = 0. \tag{1.35}$$

Multipliziert man aus und vergleicht mit der Darstellung nach Gleichung (1.32), nachdem man dort den höchsten Koeffizienten zu 1 normiert hat, so erhält man die Beziehungen

$$
\begin{aligned}
-\frac{L_{e-1}}{L_e} &= \sum_{i=1}^{e} s_i, \\
\frac{L_{e-2}}{L_e} &= \sum_{\substack{i_1, i_2=1 \\ i_1<i_2}}^{e} s_{i1} s_{i2}, \\
&\vdots \\
(-1)^{e-r} \frac{L_r}{L_e} &= \sum_{\substack{i_1, i_2 \cdots i_{e-r}=1 \\ i_1<i_2<\cdots<i_{e-r}}}^{e} s_{i1} s_{i2} \cdots s_{i(e-r)}, \\
&\vdots \\
(-1)^e \frac{L_0}{L_e} &= \prod_{i=1}^{e} s_i
\end{aligned} \tag{1.36}
$$

mit $L_e = n_q a_m$, wobei man sich a_m zu 1 normiert denken darf. Die rechten Seiten dieser Gleichung sind bekannt. Es sind jeweils Summen von Produkttermen, die aus den vorgegebenen Polen $s_1, \ldots, s_e$ zu bilden sind. Es handelt sich hierbei um die elementarsymmetrischen Funktionen der Pole $s_1, \ldots, s_e$. Die linken Seiten von Gleichung (1.36) sind gemäß Gleichung (1.34) lineare Funktionen der Reglerparameter a_j, b_j.

Die Beziehungen nach Gleichung (1.36) kann man als ein System von $e = q + m$ linearen Gleichungen für die $m + l + 1$ wesentlichen Unbekannten $a_0, a_1, \ldots, a_{m-1}, b_0, b_1, \ldots, b_l$, also die Reglerparameter, auffassen. Sie mögen als

Synthesegleichungen bezeichnet werden. Für die Auflösbarkeit der Synthesegleichungen ist nun wesentlich, daß die Unbekannten a_j, b_j nicht überbestimmt sind, daß man also nicht mehr Gleichungen als Unbekannte hat. Man kann zeigen, daß dies stets durch geeignete Wahl des Reglergrades zu erfüllen ist. Hierbei muß zwischen Strecken mit integralem und proportionalem Verhalten unterschieden werden. Bei Strecken mit proportionalem Verhalten muß eine zusätzliche Genauigkeitsbedingung erfüllt werden, ebenso auch bei der Berücksichtigung von Störgrößen am Eingang integraler Regelstrecken. Sie finden ihren Niederschlag in einer Beziehung zwischen den Reglerparametern b_0 und a_0, die eine bestimmte stationäre Verstärkung des Reglers bedingt.

Zusammenfassend läßt sich folgendes Ergebnis formulieren: Hat die Strecke integrales Verhalten, so muß man Zähler- und Nennergrad des Reglers gleich dem um 1 verminderten Nennergrad der Strecke wählen, bei proportionalem Verhalten der Strecke dagegen gleich dem Nennergrad der Strecke. Müssen bei integralem Streckenverhalten jedoch am Eingang der Strecke auftretende Störgrößen berücksichtigt werden, so hat man den Zähler- und Nennergrad des Reglers ebenfalls gleich dem Nennergrad der Strecke zu wählen.

Nachdem in der gewünschten Führungsübertragungsfunktion durch geeignete Wahl eines Reglerelementes die vorgegebenen Pole s_i und die vorgegebene Übertragungskonstante eingestellt ist, müssen noch die Nullstellen σ_j erzeugt werden, oder, wenn keine solchen vorgegeben sind, ist dafür zu sorgen, daß der Zähler 1 wird.

Die Nullstellen der Regelstrecke sind von vornherein bekannt, können also bei der Wahl einer geeigneten Pol-Nullstellen-Verteilung mit berücksichtigt werden. Die durch den errechneten Regler erzeugten Nullstellen des geschlossenen Regelkreises können jedoch, da sie erst im Verlauf des Entwurfs bestimmt werden, nicht auf diese Weise Berücksichtigung finden. Sie lassen sich jedoch kompensieren. Um die Führungsübertragungsfunktion des geschlossenen Regelkreises gleich der gewünschten Übertragungsfunktion zu machen, ist es am einfachsten, ein zweites Reglerelement vor den geschlossenen Kreis, also in die Wirkungslinie der Führungsgröße, zu schalten. Liegt der als $R(s) = P(s)/Q(s)$ angenommene Regler im Vorwärtszweig des Regelkreises, so tauchen die Nullstellen der Funktion $P(s)$ als Nullstellen des Regelkreises auf. Sie können durch ein Übertragungsglied $1/P(s)$ gemäß Bild 1/16 kompensiert werden. Liegt der Regler im Rückführzweig, so muß man, wie ebenfalls im Bild 1/16 angegeben, seine Polstellen durch ein Kompensationsglied $1/Q(s)$ kompensieren. Auch in Fällen, in denen diese Kompensation Schwierigkeiten bereitet, lassen sich ähnliche systematische Schritte zur Kompensation des Nullstelleneinflusses des Reglers angeben. Bemerkenswert ist, daß das Kompensationsglied bereits mit der Bestimmung des Reglers vorliegt und nicht zusätzlich errechnet werden muß.

Die Realisierung des somit vollständig errechneten Reglers läßt sich mit Hilfe von Elementen, wie sie in der Analogrechentechnik heute üblich sind, leicht durchführen. Bei Einsatz eines Prozeßrechners kann der errechnete Regler auch durch ein entsprechendes Digitalrechnerprogramm realisiert werden. In manchen Fällen wird man auch ein passendes Netzwerk zur Realisierung heranziehen können.

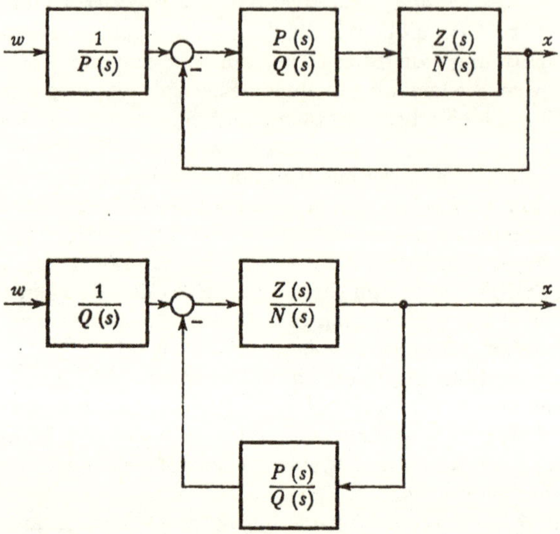

Bild 1/16
Kompensation der Nullstellen

Der erste Schritt des eingangs beschriebenen Syntheseverfahrens besteht darin, aus den an die Sprungantwort des geschlossenen Regelkreises gestellten dynamischen Anforderungen eine Pol-Verteilung des geschlossenen Kreises zu folgern, welche diese Anforderungen erfüllt. Dies wird zweckmäßigerweise durch Einsatz eines Analogrechners geschehen. Man wird hierbei eine bestimmte Pol-Nullstellen-Verteilung mit Polen und Nullstellen in der linken s-Halbebene als Übertragungsglied nachbilden und dessen Parameter so lange variieren, bis es eine Sprungantwort der gewünschten Art liefert. In zahlreichen Fällen wird man sich eine solche individuelle Untersuchung aber ersparen können, insbesondere dann, wenn die Regelstrecke und damit der geschlossene Kreis keine Nullstellen aufweist. In solchen Fällen kann man eine einfache Pol-Verteilung vorgeben, die von einem oder zwei Parametern abhängt und deren Sprungantworten ein für allemal in einem Atlas festgehalten sind, während die elementarsymmetrischen Funktionen der Verteilung in einer Tabelle oder formelmäßig vorliegen.

Als erstes Beispiel sei als Pol-Verteilung ein reeller Mehrfachpol mit der Übergangsfunktion

$$F_W = \frac{K_W}{\left(1 + \frac{s}{D}\right)^e} \tag{1.37}$$

(Bild 1/17) angenommen. Dem entspricht im Zeitbereich eine Kette von gleichen Verzögerungsgliedern 1. Ordnung mit der Zeitkonstanten $T = 1/D$. Sofern man die Größe D zunächst als allgemeine Größe beibehält und die Sprungantworten nicht über der Zeit t, sondern über einer bezogenen Zeit t/D aufträgt, kann man durch nachträgliche Wahl von D stets noch die Zeitgrößenordnung bestimmen, in der die Vorgänge ablaufen sollen.
Ein Atlas von Sprungantworten für verschiedene Werte von e ist im Bild 1/18 dargestellt. Die elementarsymmetrischen Funktionen dieser Pol-Verteilung lassen sich mit der Beziehung

$$S_r = (-1)^{e-r} \binom{e}{e-r} D^{e-r} \quad \text{mit} \quad r = 0,1 \ldots e-1 \tag{1.38}$$

formelmäßig angeben

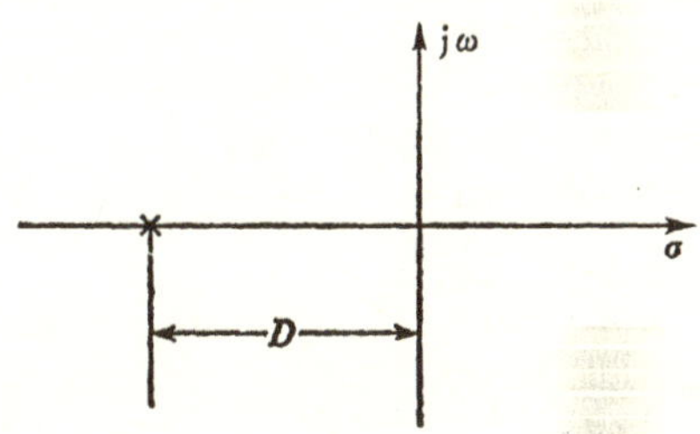

Bild 1/17
Reeller Mehrfachpol

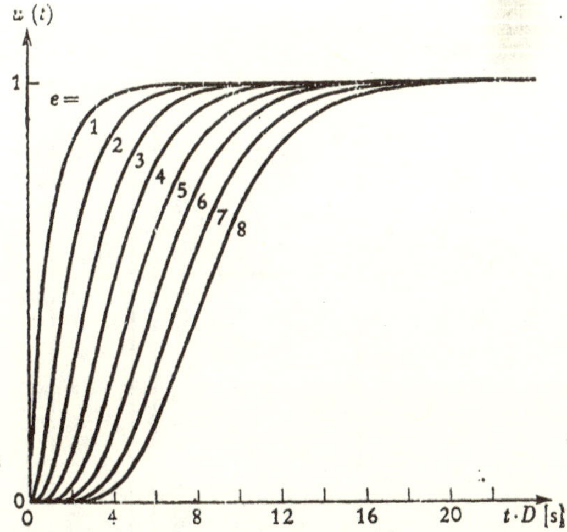

Bild 1/18
Vorgabe eines reellen e-fach-Poles bei $s = -D$

Als zweites Beispiel soll eine Polstellen-Verteilung in Form eines komplexen Polpaares und eines reellen Mehrfachpols gemäß Bild 1/19 betrachtet werden. Die Übertragungsfunktion ist

$$F_W = \frac{K_W}{(s - s_1)(s - s_2)(s - s_3)^{e-2}}. \tag{1.39}$$

Hierfür wurde wieder ein Atlas mit Übergangsfunktionen für verschiedene Werte e der Ordnung des Übertragungsgliedes angelegt. Der Parameter β sei dabei etwa auf $\beta = 5$ festgelegt. Der Parameter α wird jeweils noch variiert. Im Bild 1/20 ist dieser Atlas bis zur Ordnung $e = 10$ wiedergegeben. Es zeigt sich, daß für $\alpha = 1$ stets eine für technische Belange recht brauchbare Form der Übergangsfunktion auftritt, die dicht oberhalb des aperiodischen Grenzfalles mit einer kleinen Überschwingung verläuft. Für diesen besonderen Fall sind die elementarsymmetrischen Funktionen im Bild 1/21 angegeben. Für allgemeine α und β lassen sich Rekursionsformeln zur Ermittlung der elementarsymmetrischen Funktionen aufstellen.

Durch Einsetzen von (1.34) in (1.36) erhält man die endgültige Form der Synthesegleichungen. Hierbei muß noch zwischen integralem und proportionalem Streckenverhalten unterschieden werden. Das ausführlich geschriebene System der Synthesegleichungen (1.36) für integrales Streckenverhalten wird mit $a_{q-1} = 1$ und $L_e = n_q$:

(1.40)

$$\left[\begin{array}{cccc|cccc}
z_0 & & & & n_0 & & & \\
z_1 & z_0 & & \bigcirc & n_1 & n_0 & & \bigcirc \\
 & z_1 & & & & & & \\
 & \ddots & & & & \ddots & & \\
 & & \ddots & & & & \ddots & \\
 & & & & & & & n_0 \\
z_{q-1} & z_{q-2} & \cdots & z_1 z_0 & n_{q-1} & n_{q-2} & \cdots & n_1 \\
\hline
 & z_{q-1} & \cdots & z_1 & n_q & n_{q-1} & \cdots & n_2 \\
 & & & & & n_q & & \\
 & & \ddots & & & & \ddots & \vdots \\
 & \bigcirc & & \ddots & & \bigcirc & & \vdots \\
 & & & z_{q-1} & & & & n_q
\end{array}\right]
\cdot
\begin{bmatrix} b_0 \\ b_1 \\ \vdots \\ b_{q-1} \\ a_0 \\ a_1 \\ \vdots \\ a_{q-2} \end{bmatrix}
= n_q
\begin{bmatrix} -S_0 \\ +S_1 \\ \vdots \\ (-1)^q S_{q-1} \\ (-1)^{q+1} S_q \\ \vdots \\ (-1)^{2a-1} S_{2q-2} \end{bmatrix}
-
\begin{bmatrix} 0 \\ 0 \\ \vdots \\ 0 \\ n_0 \\ n_1 \\ \vdots \\ n_{q-1} \end{bmatrix}$$

Die vorstehend angegebenen allgemeinen Beziehungen sollen an einem Beispiel demonstriert werden. Es sei eine Regelstrecke

$$S(s) = \frac{2}{s^3 + 4s^2 + 5s}$$

vorgegeben. Der Regler soll für den geschlossenen Regelkreis eine Pol-Verteilung erzwingen, die durch einen reellen Mehrfachpol in $s = -1$ angegeben ist. Die elementar-symmetrischen Funktionen sind mit Hilfe von Gleichung (1.38) zu ermitteln und haben die Werte

$$S_0 = -1, \; S_1 = 5, \; S_2 = -10, \; S_3 = 10, \; S_4 = -5.$$

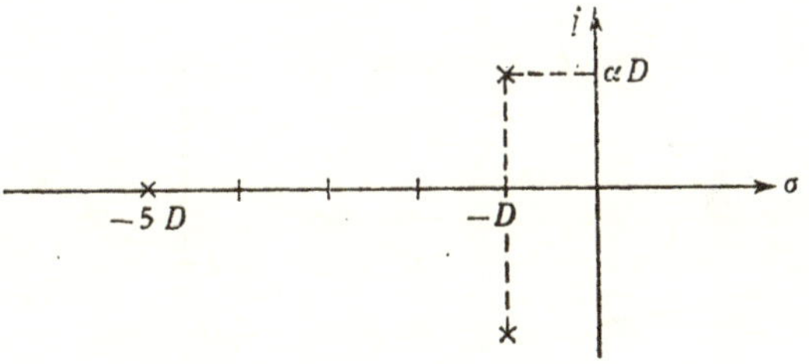

Bild 1/19
Komplexes Polpaar und reeller Mehrfachpol

Der Regler hat wegen $l = q - 1$ die Form

$$R(s) = \frac{b_0 + b_1 s + b_2 s^2}{a_0 + a_1 s + s^2}.$$

Die Beziehung (1.40) nimmt also die Form

$$\begin{bmatrix} 2 & 0 & 0 & 0 & 0 \\ 0 & 2 & 0 & 5 & 0 \\ 0 & 0 & 2 & 4 & 5 \\ 0 & 0 & 0 & 1 & 4 \\ 0 & 0 & 0 & 0 & 1 \end{bmatrix} \cdot \begin{bmatrix} b_0 \\ b_1 \\ b_2 \\ a_0 \\ a_1 \end{bmatrix} = \begin{bmatrix} 1 \\ 5 \\ 10 \\ 10 - 5 \\ 5 - 4 \end{bmatrix} = \begin{bmatrix} 1 \\ 5 \\ 10 \\ 5 \\ 1 \end{bmatrix}$$

an. Hieraus ergibt sich leicht durch sukzessive Auflösung von unten:

$$a_1 = 1;$$

$$a_0 + 4a_1 = 5, \quad \text{also } a_0 = 1,$$

$$2b_2 + 4a_0 + 5a_1 = 10, \quad \text{also } b_2 = \frac{1}{2},$$

$$2b_1 + 5a_0 = 5, \quad \text{also } b_1 = 0,$$

$$2b_0 = 1, \quad \text{also } b_0 = \frac{1}{2}.$$

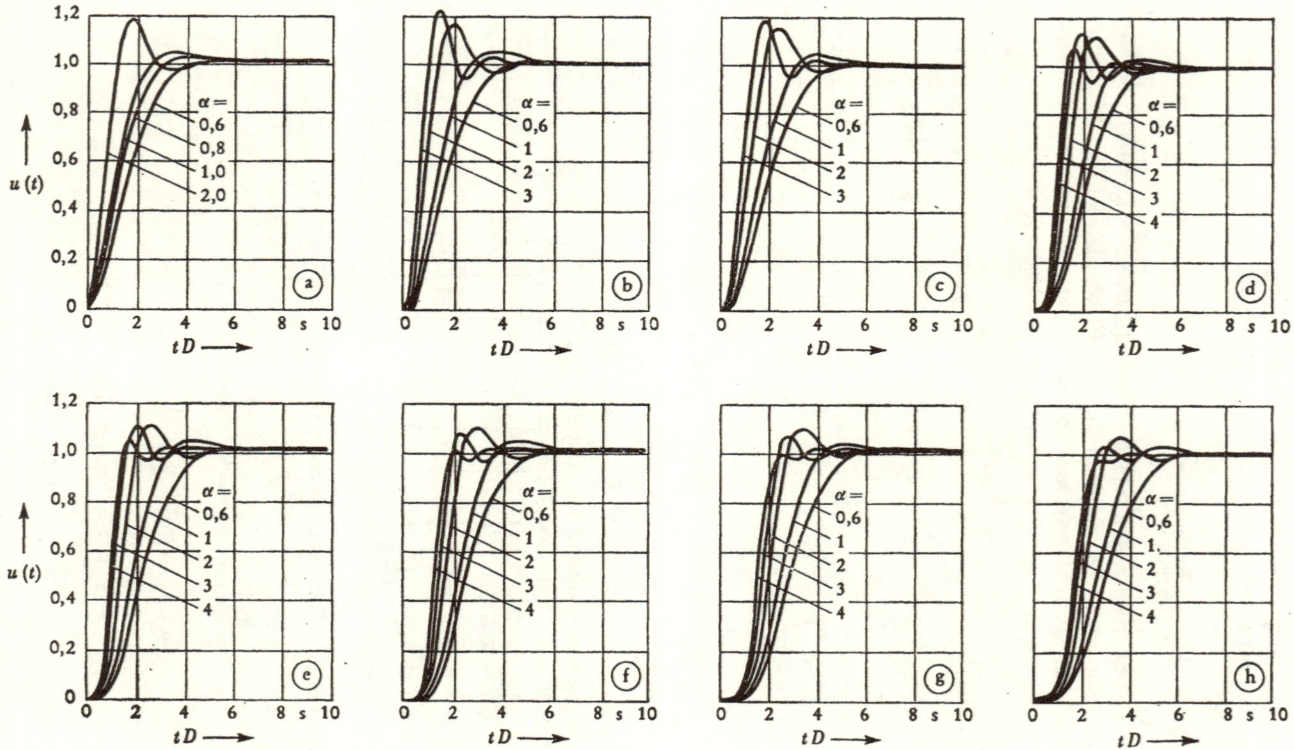

Bild 1/20
Vorgabe eines Übertragungsverhaltens mit komplexem Polpaar und reellem k-fach-Pol

Ord-nung	S_0	S_1	S_2	S_3	S_4	S_5	S_6	S_7	S_8	S_9	S_{10}
2	$2\,D^2$	$2\,D$	1	—	—	—	—	—	—	—	—
3	$10\,D^3$	$12\,D^2$	$7\,D$	1	—	—	—	—	—	—	—
4	$50\,D^4$	$70\,D^3$	$47\,D^2$	$12\,D$	1	—	—	—	—	—	—
5	$250\,D^5$	$400\,D^4$	$305\,D^3$	$107\,D^2$	$17\,D$	1	—	—	—	—	—
6	$1\,250\,D^6$	$2\,250\,D^5$	$1\,925\,D^4$	$840\,D^3$	$192\,D^2$	$22\,D$	1	—	—	—	—
7	$6\,250\,D^7$	$12\,500\,D^6$	$11\,875\,D^5$	$6\,125\,D^4$	$1\,800\,D^3$	$302\,D^2$	$27\,D$	1	—	—	—
8	$31\,250\,D^8$	$68\,750\,D^7$	$71\,875\,D^6$	$42\,500\,D^5$	$15\,125\,D^4$	$3\,310\,D^3$	$437\,D^2$	$32\,D$	1	—	—
9	$156\,250\,D^9$	$375\,000\,D^8$	$428\,125\,D^7$	$284\,375\,D^6$	$118\,125\,D^5$	$31\,675\,D^4$	$5\,495\,D^3$	$597\,D^2$	$37\,D$	1	—
10	$781\,500\,D^{10}$	$2\,031\,250\,D^9$	$2\,515\,625\,D^8$	$1\,850\,000\,D^7$	$875\,000\,D^6$	$276\,500\,D^5$	$59\,150\,D^4$	$8\,480\,D^3$	$782\,D^2$	$42\,D$	1

Bild 1/21

Elementar-symmetrische Funktionen

Der Regler mit der Übertragungsfunktion

$$R(s) = \frac{0{,}5(1 + s^2)}{1 + s + s^2}$$

erzeugt also im Zusammenhang mit der vorgegebenen Regelstrecke die erwünschte Polverteilung für den geschlossenen Regelkreis.

Ein besonderer Wert des im vorhergehenden beschriebenen Syntheseverfahren besteht darin, daß bei gegebenem Verhalten des geschlossenen Kreises, nämlich gegebener Pol-Nullstellen-Verteilung, der Zusammenhang zwischen Regler- und Streckenparametern formelmäßig angegeben werden kann, nämlich durch die Lösung der Synthesegleichungen. Es ist dabei ganz gleichgültig, ob die Parameter der Strecke sämtlich fest sind oder ob veränderliche Parameter auftreten. Die Lösung der Synthesegleichungen wird dadurch in keiner Weise erschwert. Man erhält dann die Koeffizienten a_v und b_v des Reglers als Funktionen der variablen Streckenparameter $s_1, s_2 \ldots s_r$:

$$a_v = f_v(s_1, s_2 \ldots s_r),$$

$$b_v = g_v(s_1, s_2 \ldots s_r),$$

$$\text{mit } v = 0 \ldots q - 1 \text{ bzw. } = 0 \ldots q,$$

die im allgemeinen nichtlinear sind.

Hierdurch ist das vorliegende Syntheseverfahren besonders geeignet als Entscheidungsprozeß für adaptive Systeme mit parametervariablen Strekken: Man hat die variablen Streckenparameter zu erfassen, daraus durch eine geeignete Rechenschaltung [1.11, 1.16] die bekannten Funktionen $f_v(s_1, s_2 \ldots s_r)$ und $g_v(s_1, s_2 \ldots s_r)$ zu bilden und durch die Ausgangsgrößen dieser Rechenschaltung die Reglerparameter a_j und b_j zu verstellen.

Bei quasistationären Parameterschwankungen wird der Regler stets die vorgegebene Pol-Verteilung des Regelkreises aufrechterhalten, bei schnell veränderlichen Parametern sie wiederherstellen. Die Anwendung dieses Entscheidungsprozesses führt also auf eine vollständige Systeminvarianz des geschlossenen Regelkreises.

Ein Erkennungsverfahren für quaistationäre Streckenparameter, das besonders geeignet ist zur Verbindung mit dem vorliegenden Syntheseverfahren ist das Verfahren von Corbin (s. Teil I Abschnitt 2.1). Ein ähnliches Syntheseverfahren ist in [1.17] beschrieben.

1.3 Strukturoptimale Entscheidungsprozesse

Schon zu Eingang des Abschnitts 1 wurde darauf hingewiesen, daß sich als Entscheidungsprozeß im Grunde jeder quantitativ formulierbare Zusammenhang zwischen Eigenschaften des Reglers und Eigenschaften der Strecke benutzen läßt. Wie sich klassische Optimierungskriterien zur Auslegung von Regelkreisen als Entscheidungsprozeß für adaptive Regelungen einsetzen lassen, wurde im Abschnitt 1.1 behandelt. Die Parameter des in seiner Struktur vorgegebenen Reglers sind hierbei jeweils so einzustellen, daß ein bestimmtes Integral, das als Gütekriterium für die Einstellung des Regelkreises gewählt wurde, zu einem Minimum gemacht wird. Da die Struktur des Reglers jeweils vorgeschrieben wird, handelt es sich bei der klassischen Optimierung um eine reine Parameteroptimierung.

Im Gegensatz dazu muß bei den modernen Optimierungsverfahren keinerlei Strukturvoraussetzung über den Regler gemacht werden. Dies ist in der Aufgabenstellung der modernen Optimierung begründet, die nach der Eingangsfunktion $u(t)$ der häufig, aber nicht unbedingt als linear vorausgesetzten Strecke fragt und vorschreibt, diese so zu errechnen, daß beim Übergang von einem gegebenen Anfangszustand in einen gewünschten Endzustand ein bestimmtes Gütekriterium erfüllt ist. Dieses Gütekriterium ist im allgemeinen ebenfalls als Integralkriterium, allerdings in ganz anderem Sinn als die klassischen Integralkriterien, zu formulieren. So führt etwa die Forderung nach dem energieoptimalen Übergangsvorgang eines Systems n-ter Ordnung, der im Zeitraum zwischen t_1 und t_2 erfolgen soll, auf das Integral

$$I = \int_{t_1}^{t_2} [C_1 x_1^2 + \cdots + C_n x_n^2 + \gamma u^2] \, dt, \tag{1.41}$$

das durch die Steuerfunktion $u(t)$ zu einem Minimum zu machen ist. Dabei sind $x_1, \ldots, x_n$ die Zustandsvariablen des Systems, welche die Zustandsdifferentialgleichungen $\dot{x}_i = q_i(x_1, \ldots, x_n, u)$, $i = 1, \ldots, n$ der Strecke erfüllen. Die Lösung der Aufgabe, dem Funktional I ein Minimum zu verleihen, wird durch die Methoden der Variationsrechnung ermöglicht. Durch Anwendung der EULER-LAGRANGEschen Differentialgleichungen bzw. der Hamiltonschen kanonischen Differentialgleichungen gewinnt man eine Steuerfunktion $u(t)$ sowie eine Trajektorie $x_1(t), \ldots, x_n(t)$, die I zu einem Minimum machen. Aus den bekannten Eingangsfunktionen $x_1, \ldots, x_n$ und der ebenfalls bekannten Ausgangsfunktion $u(t)$ des Reglers ergibt sich seine Struktur, die im Sinne des Gütekriteriums optimal ist. Die Anwendbarkeit der EULER-LAGRANGEschen Differentialgleichung ist aber nur bei Systemen möglich, bei denen die Variablen keinen Beschränkungen unterworfen sind bzw. diese Beschränkungen nicht erreicht werden. Insbesondere aber bei den wichtigen zeitoptimalen Systemen ist diese Voraussetzung nicht erfüllt.

Zeitoptimale Systeme sind solche, deren Zustand, von bestimmten Anfangsbedingungen ausgehend, so schnell wie möglich in einen definierten Endzustand überführt werden soll. Hierbei liegt die Stellgröße stets am Anschlag, bei der Berechnung eines optimalen Steuergesetzes muß also berücksichtigt werden, daß $u(t)$ Beschränkungen unterworfen ist. Ein besonders einfaches Optimierungsproblem ist etwa folgendes:

Es ist die Aufgabe gestellt, ein Auto über eine gerade Strecke von 1 km Länge hinweg so schnell wie möglich aus dem Stillstand im Startpunkt in den Stillstand im Zielpunkt zu befördern. Denkbar sind zunächst beliebig viele Strategien der Benutzung von Gaspedal und Bremse. Aber nur eine dieser Strategien wird zu der kürzest möglichen Fahrtdauer führen, nämlich die Forderung nach Vollgasgeben während einer Beschleunigungsphase und die Forderung nach einer rechtzeitigen Umschaltung auf Vollbremsung. Diese schon von der Anschauung her schnelligkeitsoptimale Strategie berücksichtigt sogar unmittelbar, daß Beschleunigungs- und Bremskräfte auf bestimmte Höchstwerte beschränkt sind.
Genauso sind aber auch bei Regelungssystemen die Stellgrößen beschränkt. Will man nun stets schnelligkeitsoptimal (in anderen Fällen z. B. auch verbrauchsoptimal) von einem Zustand in einen anderen gelangen, so wird man nach einem Steuergesetz suchen, das ein Hin- und Herschalten der Stellgröße zwischen ihren Grenzen bewirkt, wobei die Umschaltungen im rechten Moment erfolgen müssen.
Ein wichtiger Satz, der es unter bestimmten Voraussetzungen gestattet, derartige Optimierungsaufgaben mit mathematischem Handwerkszeug zu lösen, ist der *Satz von* FELDBAUM.
Er lautet:

> Bei einer Strecke n-ter Ordnung mit rationaler Übertragungsfunktion und reellen stabilen Polen besitzt die schnelligkeitsoptimale Steuerfunktion $u(t)$, die das System von einem Anfangszustand schnelligkeitsoptimal in einen gegebenen Endzustand bringt, stets folgende Eigenschaften:
>
> 1. Sie ist stückweise konstant und liegt abwechselnd an ihrer oberen und unteren Begrenzung.
> 2. Sie besitzt höchstens $(n - 1)$ Umschaltungen zwischen oberer und unterer Begrenzung.

Falls die Voraussetzungen über die Strecke nicht gelten, so bleibt Teil 1 dieses Satzes weiterhin gültig. Die Anzahl der Umschaltungen hängt jedoch von dem Anfangszustand des Systems ab.
Sehr allgemeine Methoden, die es auch dann noch gestatten, die optimale Steuerfunktion zu berechnen, sind die *dynamische Programmierung* von BELLMAN [1.12] und das *Maximumprinzip* von PONTRJAGIN [1.13]. Für spezielle Probleme eignen sich ferner Theorien, die von A. JA. LERNER in [1.19] behandelt sind. Die mit Hilfe derartiger Verfahren gewonnenen Steuergesetze können bei zeitvarianten Eigenschaften der Strecke in idealer Weise für den Entscheidungsprozeß verwendet werden.
Ein spezielles Beispiel für die Anwendung des Satzes von FELDBAUM und der Theorien von LERNER ist die schnelligkeitsoptimale Regelung der Anstellung der Oberwalze einer Blockwalzstraße [1.20]. Bei Blockstraßen wird aus Gründen einer möglichst hohen Produktion gefordert, daß nach jedem

Stich die neue Anstellung der Oberwalze schnelligkeitsoptimal angefahren wird. Man arbeitet hierbei mit einem Regelkreis für die Anstellung s, dem Regelkreis für die Antriebsdrehzahl n und den Antriebsstrom I_A unterlagert sind (Bild 1/22). Bei thyristorgespeisten Antrieben führt die Theorie schnelligkeitsoptimaler Regelungen nach Lerner auf nichtkonventionelle nichtlineare Regler für Anstellung s und Drehzahl n. Der Anstellungsregler ergibt sich

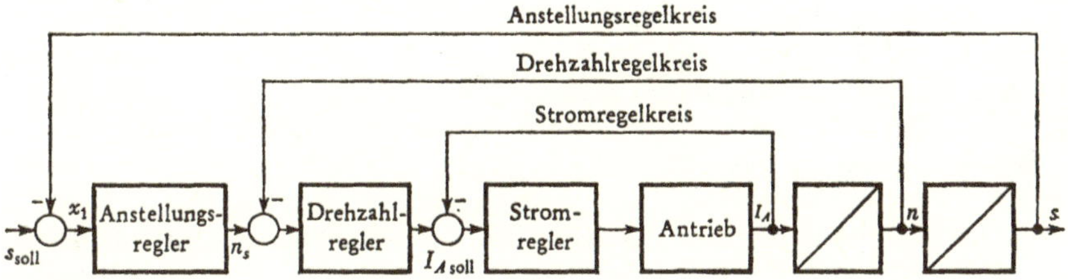

Bild 1/22
Regelung der Oberwalzenanstellung einer Blockstraße in einem Walzwerk

Bild 1/23
Verlauf von Ankerstrom I_A, Drehzahl n und Walzenanstellung s bei schnelligkeitsoptimaler Regelung des Systems aus Bild 1/22

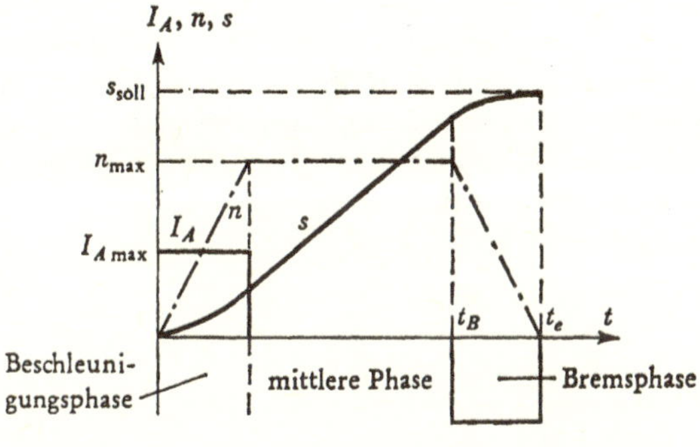

hierbei als eine Wurzelkennlinie, der Drehzahlregler als eine Zweipunktkennlinie. Die Zeitverläufe des Ankerstroms I_A, der Drehzahl n und der Anstellung s während einer solchen schnelligkeitsoptimalen Verstellung der Größe s von $s = 0$ auf $s = s_{soll}$ sind aus dem Bild 1/23 zu ersehen. Man erkennt, daß zunächst einmal der Ankerstrom I_A (also die Beschleunigungskraft) auf den höchstzulässigen Wert I_{Amax} springt. Dadurch wird erreicht, daß die Drehzahl n des beschleunigten Antriebs so schnell wie möglich ansteigt. Dieser Anstieg ist wegen des integralen Zusammenhangs zwischen n und I_A linear. Wenn die Drehzahl n ihre obere zulässige Schranke n_{max} erreicht hat, muß die Beschleunigung natürlich aufhören, I_A geht daher auf Null zurück und bei vernachlässigter Reibung wird n nunmehr auf dem höchstzulässigen Wert bleiben und damit die Anstellung s so schnell, wie von der Drehzahl her gestattet ist, in Richtung auf s_{soll} verändern. Während der

Beschleunigungsphase steigt s quadratisch an, da s und n einen integralen Zusammenhang haben. Da n während der mittleren Phase konstant ist, steigt s hier nur noch linear an. In der Bremsphase schließlich geht I_A auf den höchstzulässigen Bremsstrom. Die Drehzahl sinkt wieder linear, und die Anstellung geht nun in eine rechtsgekrümmte Parabel über.

Die genannte Theorie von Lerner erlaubt es, ein Regelgesetz zu finden, das für jede beliebige Größe von s_{soll} den richtigen Bremszeitpunkt t_B (Bild 1/23) automatisch ermittelt und hier die Bremsung einleitet, so daß im Endzeitpunkt t_e nicht nur $s = s_{soll}$, sondern $n = 0$ und $I_A = 0$ ist, sich das System also im Sollwert und in Ruhe befindet.

Die genannten Zusammenhänge gelten für neu erstellte thyristorgesteuerte Anlagen, bei denen die Ankerstromregelung sehr schnell gemacht werden kann.

Muß bei älteren derartigen Anlagen, die auf schnelligkeitsoptimale Regelungen umgerüstet werden sollen, der Leonardsatz für den Antrieb beibehalten werden, so können durch eine Verbindung der Theorien von Lerner und des Satzes von Feldbaum nichtlineare optimale Regler gefunden werden [1.20]. Der Anstellungsregler muß dann durch eine logarithmische Kennlinie realisiert werden. Der Verlauf der Drehzahl n und der Anstellregelabweichung s_Δ erfolgt dabei wiederum schnelligkeitsoptimal.

Bei schwankendem Reibungsmoment muß die logarithmische Kennlinie des Anstellungsreglers adaptiert werden, um die zeitoptimalen Eigenschaften des Systems stets aufrechterhalten zu können. Nähere Einzelheiten hierzu sind im Abschnitt 3 behandelt.

Literatur

[1.1] A. A. Feldbaum: Rechengeräte in automatischen Systemen, Verlag R. Oldenbourg, München, 1962

[1.2] D. Mlynski: Ein Beitrag zur statistischen Theorie der Optimierungs-Strategien, Regelungstechnik 14, (1966), S. 209–215, S. 325–330

[1.3] Ja. S. Zypkin: Adaption und Lernen in automatischen Systemen, Verlag R. Oldenbourg, München 1966

[1.4] M. Lipp: Entwurf eines geschlossenen adaptiven Systems für diskrete deterministische Prozesse, Diss. TH Karlsruhe, 1967

[1.5] R. C. Oldenbourg, H. Sartorius: A uniform approach to the optimum adjustment of control loops, Trans. ASME 76 (1954), S. 1265–1279

[1.6] M. Syrbe: Über die Einstellung von Reglern auf Grund geometrischer Daten der Streckenfrequenzgänge, . Regelungstechnik 1 (1953), S. 160–166

[1.7] K. L. Chien, J. A. Hrones, J. B. Reswick: On the automatic control of generalized passive systems, Trans. ASME 74 (1952), S. 175–185

[1.8] G. G. Cohen, G. A. Coon: Theoretical considerations of retarded control, Trans. ASME 75 (1953), S. 827–834

[1.9] B. Junker: Das Verhalten idealisierter stetiger Regler an Regelstrecken mit Ausgleich, Regelungstechnik 3 (1955), S. 54–58 und S. 80–84

[1.10] R. J. Kochenburger: Self adaptive method for accomodating large variation of plant gain in control systems, IFAC-Kongreß, Basel, (1963), Paper 434, Verlag R. Oldenbourg, München, 1964

[1.11] W. Weber: Ein systematisches Verfahren zum Entwurf linearer und adaptiver Regelungssysteme, ETZ-A 88 (1967), 6, S. 137–144

[1.12] R. Bellmann: Dynamic Programming, Princeton University Press 1957

[1.13] L. S. Pontrjagin: Mathematische Theorie optimaler Prozesse, Verlag R. Oldenbourg, München, 1964

[1.14] R. F. Drenick: Die Optimierung linearer Regelsysteme, Verlag R. Oldenbourg, München, 1967

[1.15] V. I. Kuktenko, V. E. Mitjurina: Über ein Verfahren zur Entwicklung adaptiver Systeme mit festgelegten Frequenzkennlinien, Automatika i Telemkhanika 26 (1965). 3, S. 475–484, (russ.)

[1.16] W. Weber: Adaptive Steuer- und Regelungssysteme, VDI-Bildungswerk, Düsseldorf, (1967), BW 818

[1.17] W. Weber: Ein leicht zu berechnender Regler für vorgeschriebenes Zeitverhalten des Regelkreises, Regelungstechnik 16 (1968), S. 260 bis 262

[1.18] W. Weber: Einflüsse der DDC-Technik auf den Entwurf von Regelungssystemen, regelungstechnische praxis (1968), S. 141–146

[1.19] A. Ja. Lerner: Schnelligkeitsoptimale Regelungen, Verlag R. Oldenbourg, München, 1963

[1.20] D. Franke, P. Schiefer, W. Weber: Schnelligkeitsoptimale Regelung der Oberwalzenanstellung einer Blockstraße, Regelungstechnik 17 (1969), 5, S. 197–204

2. Die Reglermodifikation

Mit Hilfe der Identifikation wird bei einem adaptiven Regelungssystem der Zustand des zu regelnden Prozesses ständig erfaßt. Diese Information wird im Entscheidungsprozeß nach entwurfsmäßig vorgegebenen Regeln verarbeitet. Der Entscheidungsprozeß errechnet oder ermittelt damit die zur Adaption notwendigen Maßnahmen. Die Durchführung dieser Maßnahmen wird durch die Reglermodifikation bewirkt.
Die Reglermodifikation stellt also nichts anderes dar als die Ausführung der Resultate des Entscheidungsprozesses durch die gerätetechnische Realisierung. Sie hängt ganz von der Gerätetechnik des Reglers ab, so daß nur wenig allgemeines über die Art der Modifikation gesagt werden kann.
Die meisten Entscheidungsprozesse laufen auf die Veränderung von Parametern des in seiner Struktur bekannten Reglers hinaus. Das gilt sowohl für die einfachen Verfahren, bei denen die stationäre Verstärkung des Reglers modifiziert wird, als auch für die meisten Verfahren mit Güteindex und Suchprozedur.

2.1 Verstellen von Beschaltungselementen

Man kann sich eine derartige Reglermodifikation im einfachsten Fall durch einen Stellmotor (mit integralen Eigenschaften) durchgeführt denken, der einen Spannungsteiler verstellt. Dies ist anhand von Bild 2/1 anschaulich dargestellt. Man erkennt hier einen mit RC-Gliedern beschalteten Verstärker, etwa den Vorverstärker eines Reglers. Die Beschaltung verleiht dem Verstärker eine Betragskennlinie von der Form eines „Stabilisierungstopfes", also ein reales PID-Verhalten. Die stationäre Verstärkung $|V_1|$ dieses Gliedes sei nun auf Grund des Entscheidungsprozesses zu modifizieren. Sie läßt sich durch den Widerstand R_1 beeinflussen, da die Beziehung

$$(2.1) \qquad |V_1| = \frac{R_i V}{R_1 + R_i}$$

gilt [2.7]. R_1 kann als Potentiometer ausgeführt sein, dessen Abgriff von einem Stellmotor so lange verstellt wird, wie dies durch den Entscheidungsprozeß gefordert wird. Hat $|V_1|$ den richtigen Wert, so liegt am Eingang des Stellmotors keine Spannung mehr und R_1 hat den neuen erwünschten Wert. Die Reglermodifikation ist dann abgeschlossen.

Auf eine Veränderung von Beschaltungselementen läuft auch die von PEINKE in [2.1] angegebene Lösung der Modifikationsaufgabe hinaus, bei der die bei einem handelsüblichen PID-Regler einstellbaren Parameter T_N, T_v durch Sollwertsteller beeinflußt werden. Ein elektrischer Sollwertsteller, der eine vom Entscheidungsprozeß gelieferte Spannung in einen proportionalen Drehwinkel umsetzt, ist mit seiner Antriebsachse mechanisch mit einer der Verstellachsen der Reglerparameter verbunden und verändert diese so lange, bis am Eingang des Sollwertstellers keine Spannungsänderung mehr auftritt.

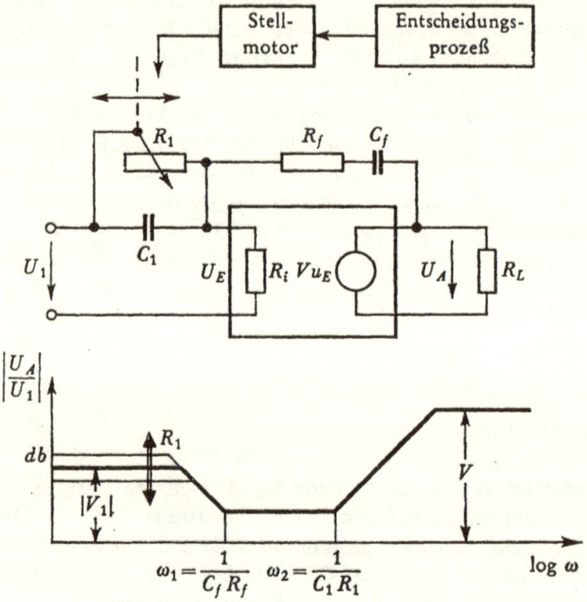

Bild 2/1
Reglermodifikation mit Stellmotor

2.2 Verwendung von Multiplikatoren

Eine andere Form der Parametermodifikation ist die Verwendung von Multiplikatoren. Im Bild 2/2 wird die Struktur eines Reglers gezeigt, der stationär die Übertragungsfunktion

$$G_R(s) = \frac{b_0 + b_1 s}{a_0 + s} \tag{2.2}$$

besitzt und aus Analogrechnerelementen aufgebaut ist. Die vom Entscheidungsprozeß her zu verändernden Parameter seien $b_0(t)$, $b_1(t)$ und $a_0(t)$. Sie werden über Multiplikatoren in die Struktur eingeführt. Jeder dieser Multiplikatoren stellt also ein „Proportionalglied mit zeitlich veränderlicher Verstärkung" dar.

Bei Systemen mit Kennlinien und Suchbewegung mit Tendenz auf das Maximum der Kennlinie kann die Modifikation ganz anders aussehen. Im Abschnitt 1.1.3 wurde ein solches System betrachtet. Hier genügt es im einfachsten Fall, dem Integrator, der den Regler darstellt, aufgrund des Entscheidungsprozesses abwechselnd eine positive oder negative Eingangsspannung zuzuführen.

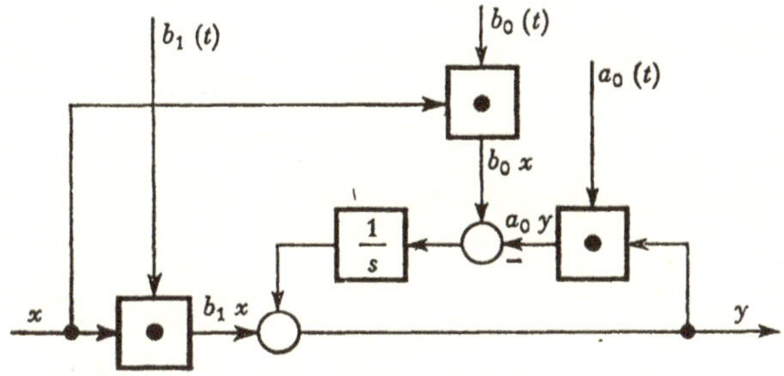

Bild 2/2
Reglermodifikation mit Multiplikatoren

2.3 Modifikation in Algorithmen

Bei der Planung von Anlagen, bei denen die Regelgrößen durch DDC (Direkte digitale Kontrolle) geregelt werden sollen, sind die Regler nicht als Geräte vorhanden, sondern als Algorithmen für einen Prozeßrechner, der aus einer Eingangsgröße, z. B. die Stellglied-Eingangsgröße errechnet. Ein PI-Algorithmus hat hierbei dann in diskretisierter Form mit der Tastperiode T das folgende Aussehen:

$$y_n = V\left[x_{wn} + \frac{T}{T_N}\sum_{v=0}^{n} x_{wv}\right]. \tag{2.3}$$

Eine Modifikation läßt sich in diesem Fall leicht durch Änderung der Eingangswerte des Algorithmus erreichen. Es werden etwa bestimmte Parameterwerte für V und T_N, die im Speicher des Rechners vorliegen, auf Grund des Entscheidungsprozesses durch neue Werte ersetzt.

Ein in [2.2] näher ausgeführtes Beispiel für einen algorithmischen Regler in einem adaptiven Regelungssystem geht aus von der Regelstrecke

$$S(s) = \frac{z_0}{n_0 + n_1 s + n_2 s^2} = \frac{0{,}25}{0{,}25 + 0{,}3\,s + s^2}. \tag{2.4}$$

Für sie wurde ein Regler nach dem in [2.3] beschriebenen Verfahren entworfen (siehe Abschnitt 3). Hierbei wurde das Verfahren selbst mitprogrammiert, um auch eine Verwendbarkeit des Reglerprogramms für adaptive Regelungssysteme zu erzielen. Der Regler ist von der Form

$$R(s) = \frac{b_0 + b_1 s + b_2 s^2}{a_0 + a_1 s + a_2 s^2}. \tag{2.5}$$

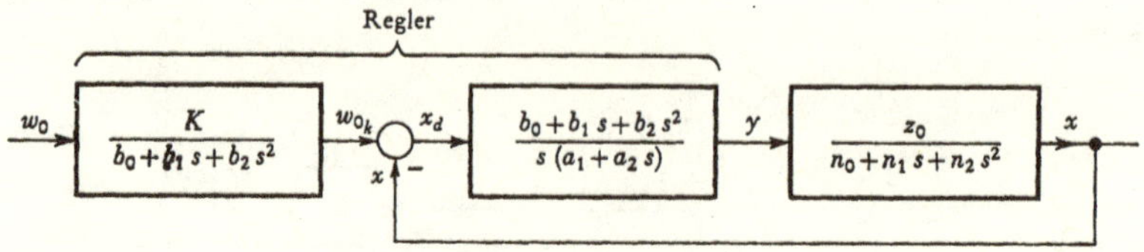

Bild 2/3

Struktur des synthetisierten Regelkreises

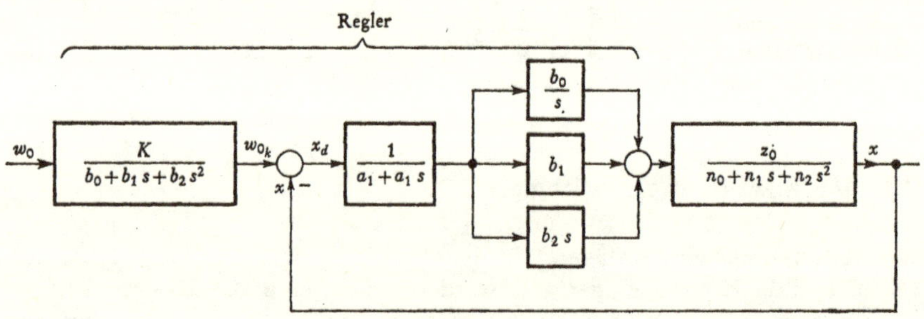

Bild 2/4

Aufspaltung des Reglers in elementare Prozeduren

Das gewünschte Verhalten des geschlossenen Kreises ist durch die vorgeschriebene Übertragungsfunktion

$$F_w(s) = \frac{n_{w0}}{n_{w0} + n_{w1} s + n_{w2} s^2 + n_{w3} s^3 + n_{w4} s^4} \tag{2.6}$$

gegeben. Es gilt dann

$$a_0 = 0,$$

$$a_1 = \frac{1}{n_2}\left(n_{w3} - n_1 \frac{n_{w4}}{n_2}\right),$$

$$a_2 = \frac{n_{w4}}{n_2},$$

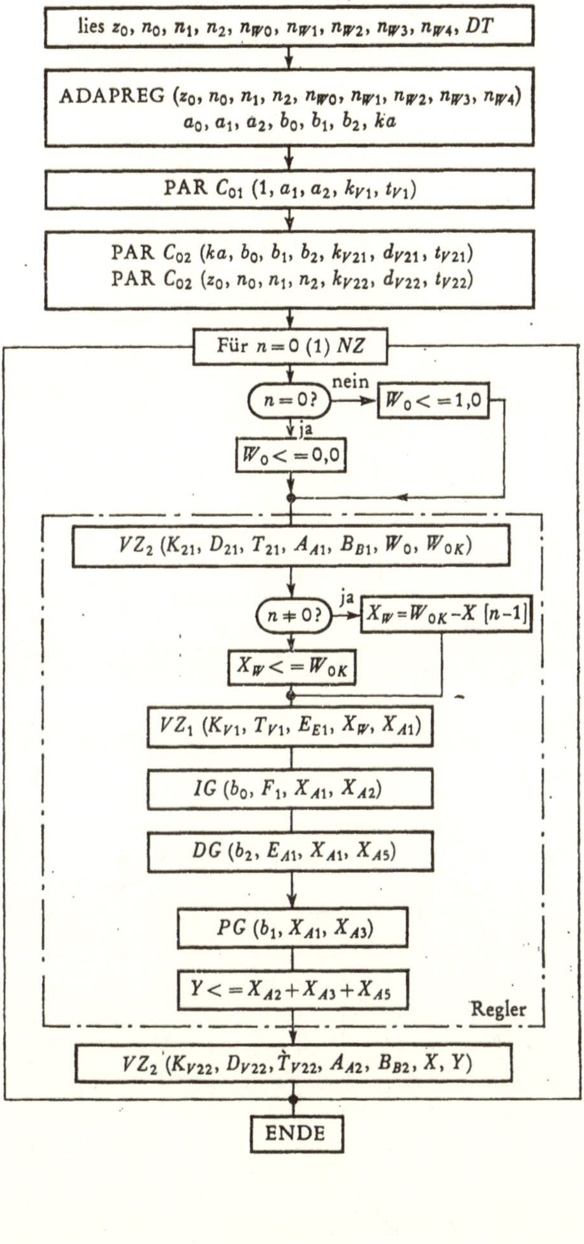

Bild 2/5
Strukturdiagramm für den Regelkreis

und

$$b_0 = \frac{n_{w0}}{z_0}, \quad k = \frac{n_{w0}}{z_0},$$

$$b_1 = \frac{1}{z_0}\left(n_{w1} - n_0 \frac{n_{w3} - n_1 \dfrac{n_{w4}}{n_2}}{n_2}\right),$$

$$b_2 = \frac{1}{z_0 \cdot n_2}\left(n_2 \cdot n_{w2} - n_1\left(n_{w3} + n_1 \frac{n_{w4}}{n_2}\right) - n_0 \frac{n_{w4}}{n_1}\right).$$

Die Gesamtstruktur des Regelkreises zeigt das Bild 2/3. Bei einem Aufspalten des Reglers in elementare Strukturen ergibt sich das Blockdiagramm von Bild 2/4. Im Bild 2/5 ist der Programmablaufplan des Systems gezeigt. Er beginnt mit Prozeduraufrufen, die aus den vom Erkennungsprozeß gelie-

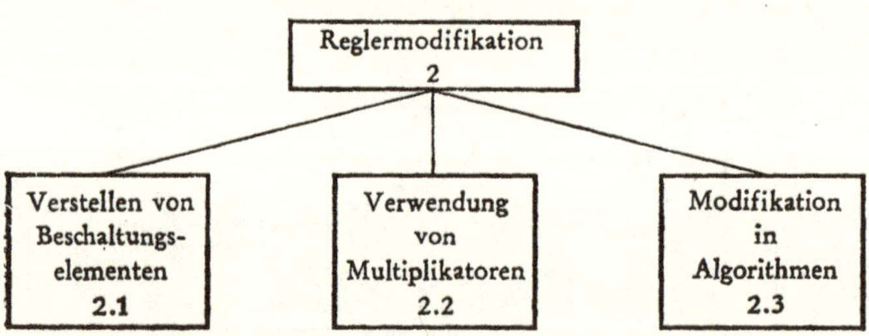

Bild 2/6

Verlauf der Regelgröße eines adaptiven Regelungssystems

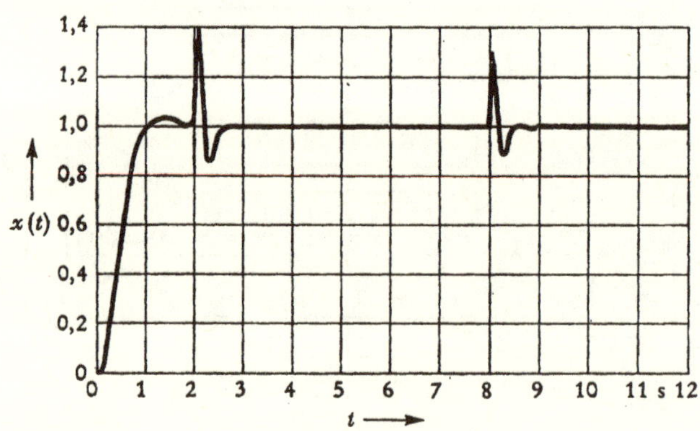

Bild 2/7

Übersicht über die Modifikationsverfahren

ferten Streckenparametern z_i, n_i die jeweils erforderlichen Reglerparameter a_i, b_i berechnen. Die Übergangsfunktion des adaptiven Regelungssystems bei sprungförmig um 33 % vergrößertem n_0 bzw. n_1 bei $t = 2$ bzw. 8 s ist im Bild 2/6 gezeigt. Der Regleralgorithmus paßt sich der starken Änderung der Streckeneigenschaften schnell an.

Adaptionsverfahren, die ebenfalls auf die Modifikation von Rechneralgorithmen hinauslaufen, sind ferner in [2.4 bis 2.6] beschrieben. Da man hierbei von vornherein vom Einsatz eines Prozeßrechners ausgeht, sind die Algorithmen sehr aufwendig. Vom Rechner wird dann auch zumeist das Identifikationsproblem gelöst.

Bild 2/7 gibt nochmals eine Übersicht über die verschiedenen Arten der Reglermodifikation.

Literatur

[2.1] W. Peinke: Adaptiv-Steuerung der Reglereinstellung mit einfachen Mitteln, Regelungstechnik 14 (1966), S. 274—277

[2.2] R. Schilbach, M. Pandit, W. Weber: Prozeduren zur Realisierung linearer DDC-Algorithmen, Regelungstechnik 16 (1968), S. 337—344

[2.3] W. Weber: Ein systematisches Verfahren zum Entwurf linearer und adaptiver Regelungssysteme, ETZ-A 88 (1967), S. 138—144

[2.4] C. W. Merriam: S. 358ff. in Mishkin, Braun (ed.), Adaptive Control Systems, Verlag McGraw Hill Book Comp., New York, 1961

[2.5] L. Braun: Wie 2.4 S. 365ff.

[2.6] E. Mishkin, R. A. Haddad: Wie 2.4 S. 374 ff.

[2.7] W. Weber: Realisierung von Frequenzkennlinien mit nichtidealen elektrischen Verstärkerlementen, AEG-Mitt. 52 (1962), 11/12, S. 493 bis 497

[2.8] W. Weber: Adaptive Steuer- und Regelsysteme, VDI-Bildungswerk, Düsseldorf (1967), BW 818

[2.9] W. Weber: Einflüsse der DDC-Technik auf den Entwurf von Regelungssystemen, regelungstechnische praxis (1968), S. 141—146

3. Typische Beispiele für adaptive Regelungssysteme

Im vorliegenden Abschnitt wird eine Reihe von adaptiven Regelungen besprochen, die eine charakteristische Auswahl aus der großen Fülle bestehender Verfahren bieten sollen und die in der einen oder anderen Weise von einem praktischen Anlagenproblem her entwickelt wurden, also nicht rein theoretischen Charakter besitzen, wie das bei vielen in der Literatur behandelten Methoden der Fall ist.

3.1 Verstärkungsanpassung unter Verwendung von Entscheidungsfiltern

Ein in [3.1] näher ausgeführtes Verfahren von Marx wurde für die Flugzeugregelung des Flugzeugs F 100-C entwickelt. Es sei in modifizierter Form anhand eines speziellen Beispiels für die Regelstrecke besprochen. Sie möge die Übertragungsfunktion

$$S(s) = \frac{K_v\,\omega_n^2}{s(s + 2d\,\omega_n)} \tag{3.1}$$

besitzen, wobei der Verstärkungsfaktor K_v quasistationär zeitlich schwankt. Der Regler soll ein Proportionalglied sein und sich mit seinem Verstärkungsfaktor K_x der schwankenden Streckenverstärkung K_v anpassen, so daß das Produkt $K_x \cdot K_v$ konstant den Wert 1 annimmt. Die Adaption soll jeweils bei sprungförmiger Veränderung der Führungsgröße eintreten. Für die auf die Führungsgröße w bezogene Regeldifferenz x_d gilt

$$\frac{X_d(s)}{W(s)} = \frac{s(s + 2\,\mathrm{d}\omega_n)}{s^2 + 2\mathrm{d}\,\omega_n\, s + K_x K_v\,\omega_n^2}. \tag{3.2}$$

Die Pol-Nullstellen-Verteilung dieses Systems sowie der annähernde Verlauf des Fourierspektrums bei sprungförmigem Führungsgrößenverlauf sind für drei verschiedene Werte von $K_x \cdot K_v$ im Bild 3/1 angegeben.
Man erkennt, daß zu dem erwünschten Wert $K_x \cdot K_v = 1$ eine ganz bestimmte Pollage und eine ganz bestimmte Kurve des Fourierspektrums gehören. Hiervon geht das Verfahren von Marx aus. Man führt, wie Bild 3/2 zeigt, die Regeldifferenz x_d zum Zwecke der Identifikation des Streckenver-

haltens einem Hochpaßfilter und einem Tiefpaßfilter mit jeweils dahinter geschalteter Mittelwertbildung zu. Sind beide Filter in bezug auf die Frequenz ω_n geeignet, nämlich symmetrisch, eingestellt (Bild 3/1), so ergibt die Differenz beider Mittelwerte ein Maß für die Abweichung der Kurve des

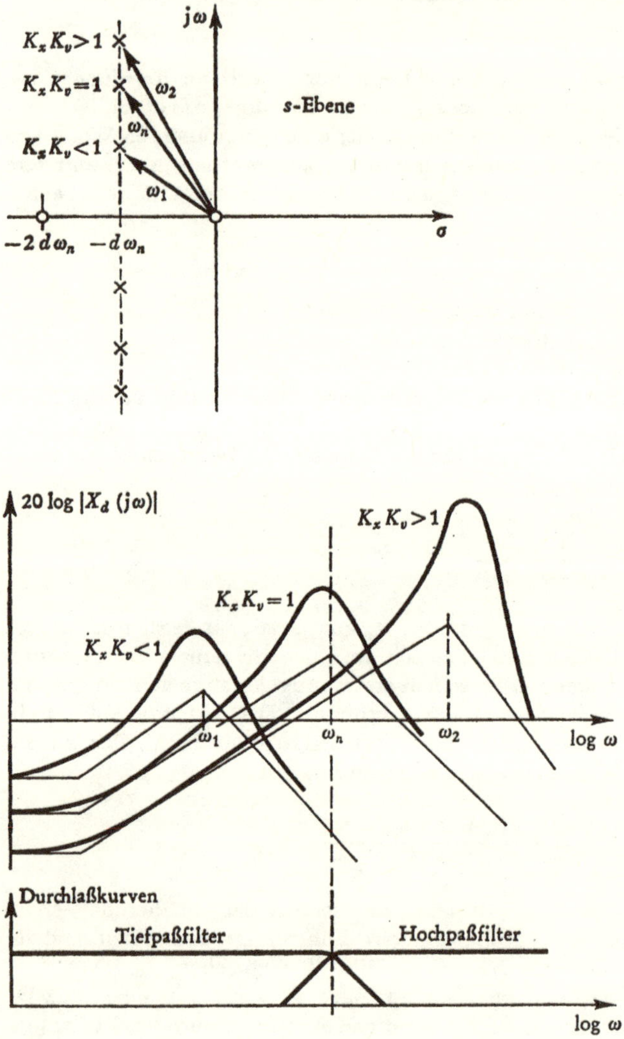

Bild 3/1
Pol-Nullstellenverteilung, Fourierspektrum und Filterdurchlaßkurven

Fourierspektrums vom erwünschten Verlauf. Ist diese Differenz verschwunden, so kann man sicher sein, daß $K_x K_v = 1$ ist. Man hat also durch Bildung dieser Differenz den Identifikationsprozeß und einen Teil des Entscheidungsprozesses bewältigt. Ein weiterer Teil des Entscheidungsprozesses besteht darin, daß man diese Differenz einem Integralglied zuführt, das bei nicht verschwindendem Eingang die Verstärkung K_x des Reglers verstellt. Diese Verstellung hört erst dann auf, wenn die Differenz verschwindet, also $K_x K_v = 1$ ist.

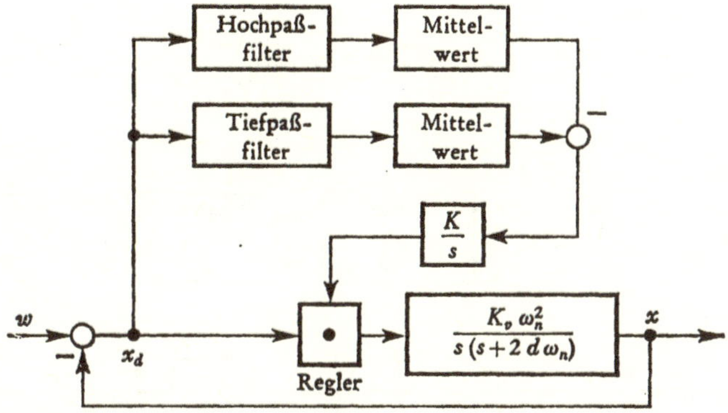

Bild 3/2
Prinzipbild zum Verfahren von Marx

Bei sprungförmiger Veränderung der Führungsgröße wird dieser Adaptionsprozeß eingeleitet und führt über einen Multiplikator zur Modifikation des Reglers (Bild 3/2).
Bei diesem Verfahren ist nur eine Veränderung der stationären Verstärkung der Strecke erfaßbar. Darüber hinaus gilt die Einschränkung, daß die Adaption nur bei sprungförmig veränderlicher Führungsgröße eintritt.

3.2 Grundprinzip eines auf das Eingangssignal adaptierten Systems

Das in diesem Abschnitt behandelte Verfahren stammt von Drenick und Shahbender und ist in [3.2] näher beschrieben. Es ist ein signaladaptives System, bei dem sich die stationäre Verstärkung K_1 des Reglers optimal auf die Übertragungseigenschaften der Strecke für stochastische Eingangssignale einstellt. Der nicht adaptive Regelkreis ist zunächst im Bild 3/3 oben dargestellt.
Die Führungsgröße setzt sich aus der Rampenfunktion

$$(3.3) \qquad s(t) = \begin{cases} 0 & \text{für } t < 0 \\ vt & \text{für } t \geq 0 \end{cases}$$

und einem weißen Rauschen $n(t)$ mit dem Leistungsspektrum

(3.4) $$\Phi_{nn}(j\omega) = \frac{\sigma^2}{2}$$

zusammen. Die von der Rampenfunktion herrührende Regeldifferenz sei mit x_{ds} bezeichnet. Der durch das weiße Rauschen in x erzeugte Anteil sei mit $x_n(t)$ bezeichnet.

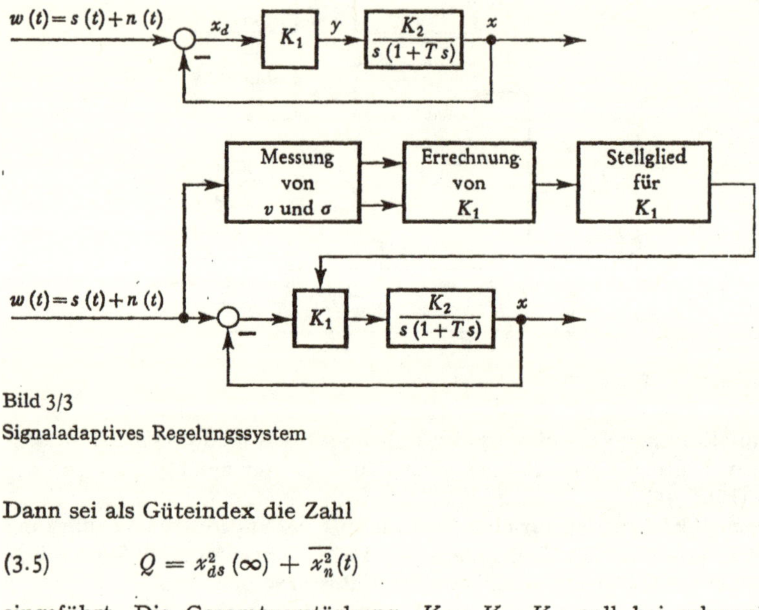

Bild 3/3
Signaladaptives Regelungssystem

Dann sei als Güteindex die Zahl

(3.5) $$Q = x_{ds}^2(\infty) + \overline{x_n^2(t)}$$

eingeführt. Die Gesamtverstärkung $K = K_1 \cdot K_2$ soll bei schwankender Streckenverstärkung K_2 so gewählt werden, daß Q minimal ist.
Zunächst sei die Abweichung x_{ds} errechnet, die bei Aufschalten der Rampe $s(t)$ entsteht. Es gilt

(3.6) $$X_{ds}(s) = \frac{1}{1 + \frac{K_1 K_2}{s(1 + Ts)}} \cdot \frac{v}{s^2} = \frac{s(1 + Ts)}{s(1 + Ts) + K_1 K_2} \frac{v}{s^2}.$$

Mit Hilfe des Endwertsatzes der Laplace-Transformation ergibt sich die gesuchte bleibende Regelabweichung zu

(3.7) $$\lim_{t\to\infty} x_{ds}(t) = \lim_{s\to\infty} s X_{ds}(s) = \frac{v}{K_1 K_2}.$$

Als weitere Größe muß in (3.5) die Größe x_n^2 berechnet werden. Sie wird aus

$$\overline{x_n^2} = \frac{1}{2\pi} \int_{-\infty}^{\infty} |G(j\omega)|^2 \cdot \Phi_{nn}(j\omega)\, d\omega \tag{3.8}$$

berechnet, worin $G(j\omega)$ als Frequenzgang des geschlossenen Regelkreises, also als

$$G(j\omega) = \frac{X(j\omega)}{W(j\omega)} = \frac{K_1 K_2}{j\omega\,(1 + Tj\omega) + K_1 K_2} \tag{3.9}$$

einzusetzen ist. Mit (3.9) und mit

$$|G(j\omega)|^2 = G(j\omega)\, G(-j\omega) \tag{3.10}$$

läßt sich (3.8) in die Form

$$\overline{x_n^2} = \frac{1}{2\pi} \int_{-\infty}^{\infty} \frac{K_1 K_2 \frac{\sigma}{\sqrt{2}}}{j\omega\,(1 + Tj\omega) + K_1 K_2} \cdot \frac{K_1 K_2 \frac{\sigma}{\sqrt{2}}}{-j\omega(1 - Tj\omega) + K_1 K_2}\, \mathrm{d}\omega \tag{3.11}$$

bringen.

Integrale der Form (3.8) tauchen bei sehr vielen Problemen der statistischen Regelungstechnik auf. Es wurden daher formal geschlossene Lösungen dieses Integraltyps für verschiedene Ordnungen von $G(s)$ in Integraltafeln zusammengestellt [3.27]. Man findet in [3.27] auch die Ableitung dieser geschlossenen Lösungen, deren Grundgedanke darin besteht, den Integranden durch Aufspaltung in Summanden integrabel zu machen. Man findet so

$$\overline{x_n^2} = \frac{K_1 K_2\, \sigma^2}{4} = \frac{K \sigma^2}{4}. \tag{3.12}$$

Damit ist der mittlere quadratische Fehler vollständig bestimmt:

$$\overline{x_d^2} = \frac{v^2}{K^2} + \frac{K\sigma^2}{4}. \tag{3.13}$$

Das Minimum dieses Fehlers muß der notwendigen Bedingung folgen, daß $\frac{\mathrm{d}\,(\overline{x_d^2})}{\mathrm{d}K}$ verschwindet. Hieraus ergibt sich die Einstellbedingung für ein optimales $K = K_1 K_2$ zu

$$K = K_1 K_2 = \frac{2v^{2/3}}{\sigma^{2/3}} \tag{3.14}$$

und der minimale Fehler zu

$$\overline{x_d^2} = \frac{3}{4} v^{2/3} \sigma^{4/3}. \tag{3.15}$$

Der adaptive Prozeß muß also derart aufgebaut sein, daß v und σ gemessen werden (Identifikation), K_1 aus Gleichung (3.14) errechnet (Entscheidungsprozeß) und dieser Wert dem Regler zugeführt wird (Modifikation). Das derart selbsteinstellende System erzeugt für Rampen beliebiger Steigung v und für ein überlagertes weißes Rauschen mit der Leistungsdichte $\Phi_{nn} = \frac{\sigma^2}{2}$ stets den optimalen Güte-Index.

Dieses Beispiel zeigt, daß die Schwankungen der Systemeigenschaften nicht unbedingt Parameter- oder Strukturschwankungen der die Strecke charakterisierenden Differentialgleichungen sein müssen, sondern daß auch die Form der Signale veränderlich sein kann. Der vorerwähnte Fall ist jedoch für Regelungsprobleme der praktisch bedeutsamere, so daß auf signaladaptive Systeme nicht weiter eingegangen werden soll.

3.3 Regelung mit adaptivem Zweipunktregler

Bei bestimmten Regelungssystemen, etwa bei Klima- und Temperaturregelungen, kann man die gestellte Aufgabe durch Einsatz eines einfachen Zweipunktreglers lösen. Die hierbei auftretende Selbstschwingung der Regelgröße stört im allgemeinen nicht, solange nur ihre Amplitude klein genug bleibt. So wird z. B. bei einer Raumtemperaturregelung eine Selbstschwingungsamplitude von 1 °C meist noch zulässig, jedoch eine Schwankung von ±10 °C bereits wesentlich zu groß sein.

Bei Zweipunktregelungen, deren Streckeneigenschaften schwanken, werden im allgemeinen auch die Amplitude und Frequenz der Selbstschwingung schwanken und können eine Adaption erforderlich machen. Ein Verfahren hierzu wird von Mesch und Ess in [3.3, 3.4] untersucht. Sein Prinzip sei anhand einer Regelstrecke mit der Übertragungsfunktion

$$S(s) = \frac{K}{s(1 + T_1 s)(1 + T_2 s)} \tag{3.16}$$

und der quasistationär schwankenden Streckenverstärkung K erläutert. Im Bild 3/4 ist der Grundregelkreis mit dieser Strecke, einem Zweipunktregler mit dem Parameter K_R der sprungförmig periodisch schwankenden Stellgröße y sowie dem annähernd zu erwartendem Verlauf der Regelgröße x bei einem Führungsgrößensprung skizziert. Da die Streckenverstärkung K nicht konstant ist, wird mit K auch die Größe der Amplitude A der Selbstschwingung schwanken. Dies soll dadurch ausgeglichen werden, daß die Reglerverstärkung K_R adaptiert wird. Das Adaptionsziel (zum Entscheidungsprozeß gehörig!) ist also die Regelung der Amplitude der Selbstschwingung auf einen bestimmten Wert.

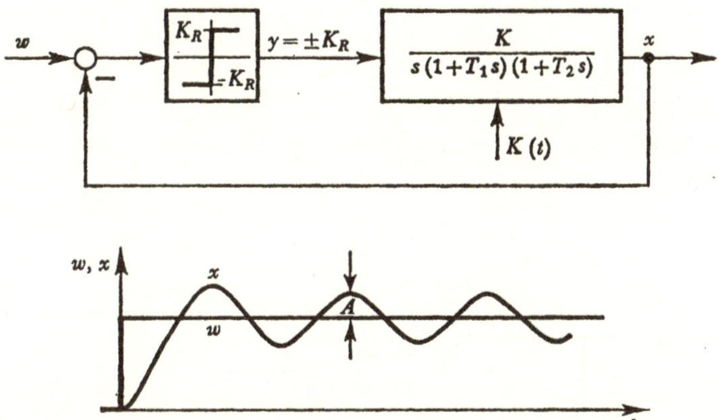

Bild 3/4
Zweipunktregelkreis mit Selbstschwingung

Amplitude A und Frequenz ω_s der Selbstschwingung lassen sich aber näherungsweise mit Hilfe der *Gleichung der Harmonischen Balance*

$$(3.17) \qquad L(j\omega) \cdot N(A) + 1 = 0$$

berechnen, wobei

$$(3.18) \qquad L(j\omega) = \frac{K}{j\omega(1 + j\omega T_1)(1 + j\omega T_2)}$$

der Frequenzgang des linearen Teils (hier also der Strecke) und

$$(3.19) \qquad N(A) = \frac{4K_R}{\pi A}$$

die Beschreibungsfunktion des Zweipunktreglers ist.

Es ergibt sich

$$A = \frac{4}{\pi} \frac{T_1 T_2}{T_1 + T_2} K \cdot K_R, \tag{3.20}$$

$$\omega_s = \frac{1}{\sqrt{T_1 T_2}}.$$

Man erkennt aus (3.2), daß A proportional K und K_R ist, zur Konstanthaltung von A also $K \cdot K_R$ konstant gehalten werden muß.
Das in [3.3, 3.4] behandelte Verfahren löst die Aufgabe der Identifikation durch Bildung einer Art von nichtlinearem Mittelwert der Selbstschwingung von x_d. Wie Bild 3/5 zeigt, wird x_d auf ein Hochpaßfilter gegeben, das eine einfache Struktur z. B. mit der Übertragungsfunktion $\frac{T_z s}{1 + T_N s}$ besitzen kann.

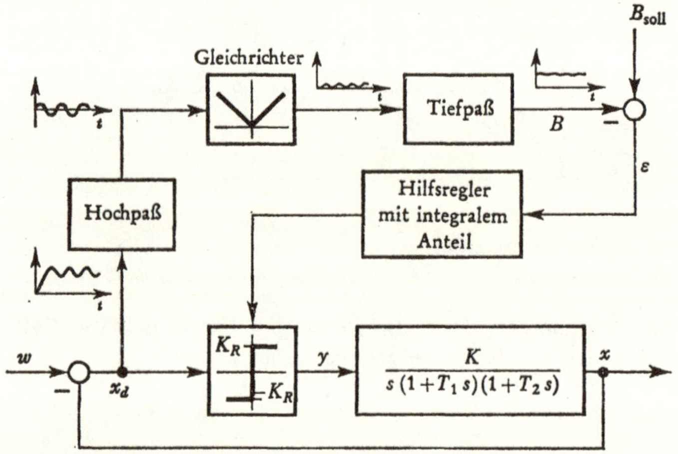

Bild 3/5
Adaption der Verstärkung eines Zweipunktreglers

Hierin werden Gleichanteile von $x_d(t)$ ausgefiltert, so daß am Ausgang nur noch eine um den Nullpunkt schwankende Funktion auftritt. Mit Hilfe einer Gleichrichterkennlinie wird die negative Halbwelle dieser periodischen Funktion positiv gemacht und die entstehende Funktion über ein einfaches Tiefpaßglied geglättet. Der Ausgang dieses Tiefpasses besitzt dann eine im wesentlichen konstante Größe B, die ein etwa proportionales Maß für die Amplitude der Selbstschwingung A darstellt. Sie kann mit einem Sollwert B_{soll}

verglichen werden, und eine etwaige Abweichung $\varepsilon = B_{\text{soll}} - B$ kann dann über einen Hilfsregler mit integralem Anteil zur Verstellung von K_R benutzt werden. Die Veränderung von K_R wird erst dann aufhören, wenn $\varepsilon = 0$ geworden ist. Dann aber ist das Adaptionsziel erreicht und A hat die erwünschte Größe.

3.4 Adaption mit zwei Festwertkriterien

Ein von WHITAKER angegebenes, in [3.1] beschriebenes einfaches Adaptionsverfahren, das für Kurs- und Nickwinkelregelkreise von Flugzeugen entwickelt wurde, werde für eine Strecke mit der Übertragungsfunktion

$$S(s) = \frac{K_v}{s(s+1)} \tag{3.21}$$

und quasistationär schwankendem Parameter K_v erläutert. Außer K_v ist auch der Verstärkungsfaktor β_v der Meßeinrichtung quasistationär veränderlich (Bild 3/6).

Der Entscheidungsprozeß soll die Forderung verarbeiten, daß ein Proportionalregler sich mit seiner Verstärkung K_x stets so anpassen soll, daß $K_x K_v = 1$ ist. Gleichermaßen soll durch einen selbsteinstellenden Verstärkungsfaktor β_x im Rückführzweig erreicht werden, daß $\beta_x \cdot \beta_v = 1$ ist.

Die Identifikation wird durch ein Idealmodell des geschlossenen Regelkreises bewirkt (Bild 3/6). Dieser ist ideal eingestellt, wenn $K_x K_v = 1$ und $\beta_x \beta_v = 1$ erreicht ist. Er besitzt dann die Übertragungsfunktion

$$G(s) = \frac{1}{s^2 + s + 1}. \tag{3.22}$$

Diese Übertragungsfunktion erhält auch das Idealmodell, das z. B. mit analogen Bausteinen oder auch als Algorithmus in einem Digitalrechner realisiert werden kann. Es erhält als Eingangsgröße die Führungsgröße $w(t)$ des Regelkreises, die als Treppenfunktion, also nur mit sprungförmigen Veränderungen behaftet, vorausgesetzt sei. Die Ausgangsfunktion $x_s(t)$ des Modells wird im nicht adaptierten Zustand des Systems von der Regelgröße $x(t)$ abweichen. Die Abweichung

$$e(t) = x_s(t) - x(t) \tag{3.23}$$

soll, wie im Bild 3/6 angedeutet, zur Adaption von K_x und β_x benutzt werden. Zunächst soll die Funktion eines hierbei erforderlichen Inverters, der $e(t)$ in $-e(t)$ umformt, besprochen werden. Vorausgesetzt, $w(t)$ sei positiv und der Schalter S_1 (Bild 3/6) liege in Stellung a. Falls nun etwa K_v zu groß ist,

so wird $e(t)$ negativ sein. Die Wirkung von $e(t)$ führt dann auf eine Verkleinerung von K_x. Ebenso wird bei zu kleinem K_v, wegen des dann positiven $e(t)$, K_x vergrößert werden. Der Regelsinn stimmt aber dann nicht mehr, wenn $w(t)$ negative Werte annimmt. Hier wird ein zu großes K_v auf eine Vergrößerung von K_x, ein zu kleines K_v auf eine Verkleinerung von K_x führen. Es muß also ein Inverter eingeführt werden, auf dessen Ausgangsgröße $-e(t)$ der Schalter S_1 umgeschaltet wird, wenn $w(t)$ negative Werte annimmt.
Entsprechende Überlegungen gelten für die Adaption im Rückführzweig.

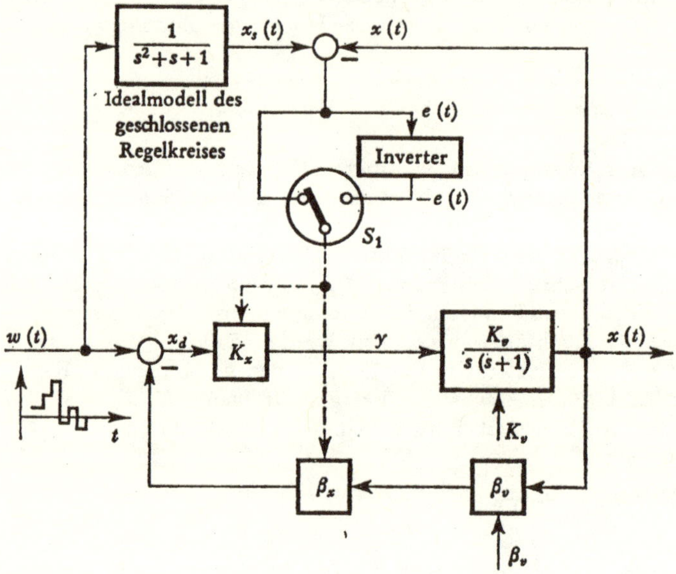

Bild 3/6

Adaption mit Idealmodell des geschlossenen Regelkreises

Der im Bild 3/6 gestrichelt angedeutete Einfluß des Ausgangs von S_1 auf K_x und β_x sei anhand von Bild 3/7 näher erläutert. Der Ausgang von S_1 ist auf zwei weitere Schalter S_2 und S_3 geführt, die in ihrer Normalstellung an a liegen und den an ihrem Ausgang angeschlossenen Servomotoren dann keine Eingangsspannung zuführen. Nur bei dem Auftreten eines Führungsgrößensprungs der als treppenförmig vorausgesetzten Größe $w(t)$ werden beide Schalter S_1 und S_2 kurzzeitig auf b umgeschaltet, und zwar S_2 für 1 s und S_3 für 10 s. Die verschieden hohen Schaltzeiten (sie müssen etwa in der Größenordnung der Systemzeitkonstanten gewählt werden) sind dadurch begründet, daß das Systemverhalten von Veränderungen von K_x wesentlich stärker beeinflußt wird als durch Veränderungen von β_x. Die Größe $e(t)$ hat also über den Servomotor M_2 1 s lang Zeit, die Größe von K_x zu verändern, während M_3 10 s lang an die Größe $e(t)$ geschaltet wird und damit β_x ver-

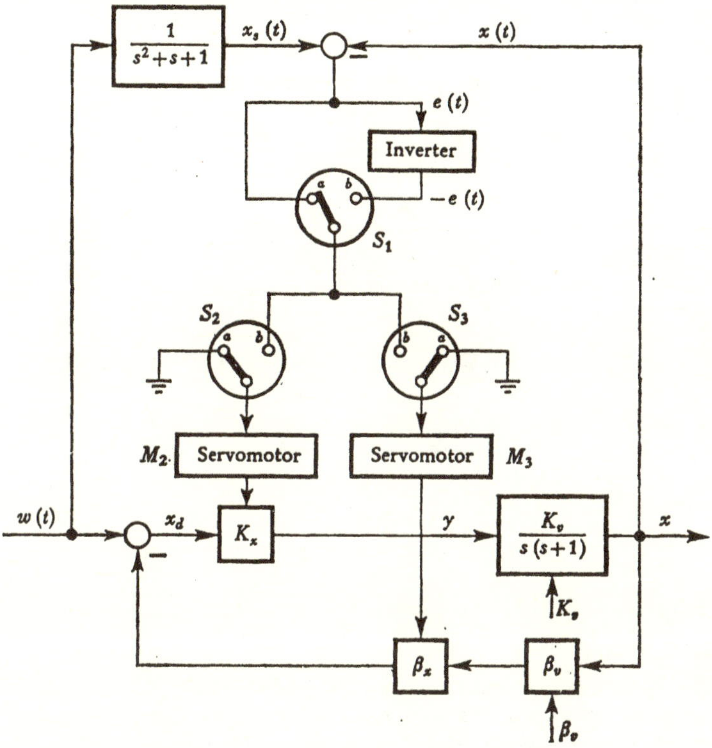

Bild 3/7
Beeinflussung von Verstärkungsfaktoren über die Zeitschalter S_2 und S_3

ändert. Nach 1 s bzw. 10 s werden M_2 bzw. M_3 wieder durch Zurückschalten der Schalter spannungslos gemacht. Da die Servomotoren Integralverhalten aufweisen, werden Veränderungen von K_x und β_x durch

(3.24) $$\Delta K_x \sim \int_0^{1\text{s}} e(t)\,\mathrm{d}t = \mathrm{I}_1,$$

(3.25) $$\Delta \beta_x \sim \int_0^{10\text{s}} e(t)\,\mathrm{d}t = \mathrm{I}_{10}$$

gegeben sein. Die Adaption ist dann abgeschlossen, wenn I_1 und I_{10} den Wert 0 annehmen, da dann keine Veränderung von K_x und β_x mehr eintritt. I_1 und I_{10} stellen also Festwertkriterien für den Zustand des adaptiven Systems dar.
Bild 3/8 zeigt, welche Fälle im nicht adaptierten Zustand des Systems im Prinzip denkbar sind.

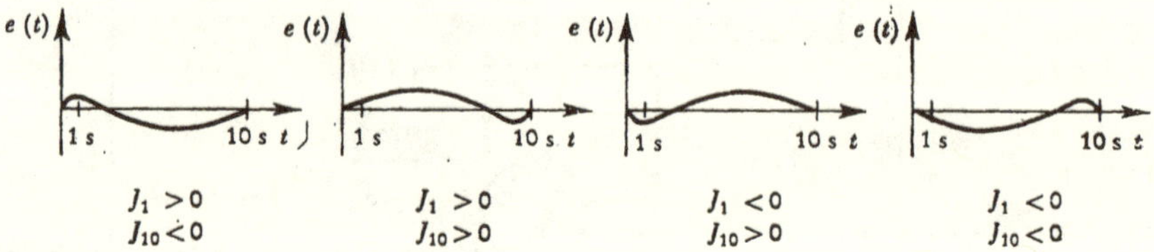

Bild 3/8
Prinzipiell denkbare Fälle für die Vorzeichen von J_1 und J_{10}

I_1 und I_{10} lassen sich aber berechnen. Es gilt für $w(t) = \sigma(t)$

(3.26) $$E(s) = \frac{1}{s}\left[\frac{1}{s^2+s+1} - \frac{K}{s^2+s+K\beta}\right],$$

worin

(3.27) $$K = K_x \cdot K_v,$$

(3.28) $$\beta = \beta_x \cdot \beta_v$$

ist.
Um I_1 und I_{10} zu erhalten, muß die der Größe $E(s)$ entsprechende Zeitfunktion $e(t)$ von 0 bis $\tau = 1$ s bzw. bis $\tau = 10$ s integriert werden. Dies ergibt, wenn allgemein die obere Grenze τ genommen wird

(3.29) $$I_\tau = \int_0^\tau e(t)\,\mathrm{d}t = \left(1-\frac{1}{\beta}\right)\tau - \left[1 - e^{-\tau/2}\left(\cos\frac{\sqrt{3}}{2}\tau - \frac{1}{3}\sin\frac{\sqrt{3}}{2}\tau\right)\right] + \frac{1}{\beta^2 K}\left\{1 - e^{-\tau/2}\left[\cos\left(\frac{\tau}{2}\sqrt{4K\beta-1}\right) - \frac{2K\beta-1}{\sqrt{4K\beta-1}}\sin\left(\frac{\tau}{2}\sqrt{4K\beta-1}\right)\right]\right\}.$$

I_τ läßt sich also in der Form

(3.30) $$I_\tau = f(K, \beta, \tau)$$

darstellen und numerisch näher untersuchen.

Da das Adaptionsziel darin besteht, $I_1 = 0$ und $I_{10} = 0$ zu erreichen, ist es zweckmäßig, die Beziehung (3.29) für $I_\tau = 0$ in der K, β-Ebene darzustellen. Führt man $I_\tau = 0$ und $\tau = 1$ s bzw. $\tau = 10$ s in (3.29) ein, so findet man Kurvenzüge, die im Bild 3/9 angegeben sind. Auf der Kurve für $\tau = 1$ s bzw. 10 s findet man alle K, β-Werte, die I_1 bzw. I_{10} den Wert 0 verleihen. Da *sowohl* I_1 als auch I_{10} den Wert 0 annehmen soll, stellt der Schnittpunkt beider Kurven das Adaptionsziel dar. Man erkennt aus Bild 3/9, daß an diesem Schnittpunkt wie erwünscht $K = K_x K_v = 1$ und $\beta = \beta_{x\beta v} = 1$ gilt.

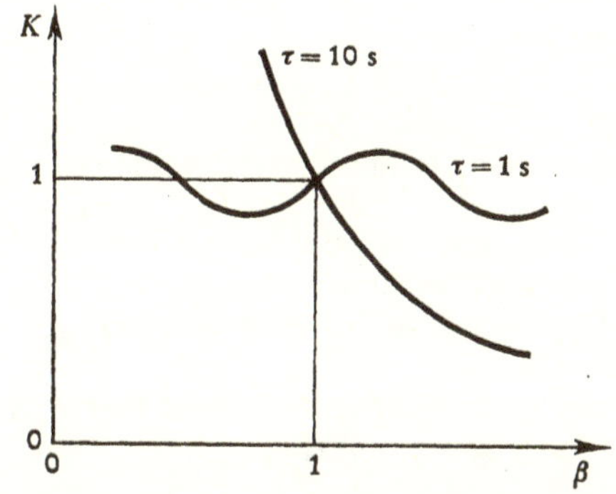

Bild 3/9
Eindeutiger Schnittpunkt der Kurven $J_1 = 0$ und $J_{10} = 0$ in der K, β-Ebene

Die Untersuchung in der K, β-Ebene ist wichtig, da nicht unbedingt ein eindeutiger Schnittpunkt der Kurven für $\tau = 1$ s und $\tau = 10$ s auftreten muß. Im Bild 3/10 ist ein denkbarer Fall mit zwei Schnittpunkten beider Kurven gezeigt, von denen nur der eine das erwünschte Adaptionsziel darstellt. Dieses Ziel besteht ja darin, $e(t) \equiv 0$ zu machen, d. h. den Regelkreis genau wie das Idealmodell einzustellen, wodurch natürlich $I_\tau = \int_0^\tau 0 \, dt$ stets

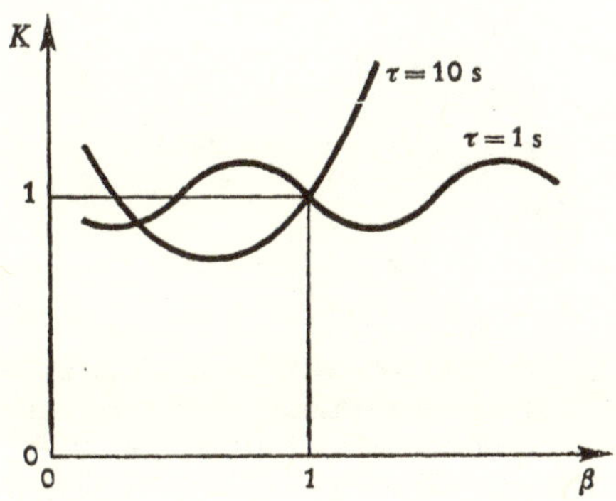

Bild 3/10
Mehrfacher Schnittpunkt der Kurven $J_1 = 0$ und $J_{10} = 0$ in der K, β-Ebene

den Wert 0 annehmen wird. Im Bild 3/11 ist dagegen ein Fall des Verlaufs von $e(t)$ gezeigt, wobei zwar $I_1 = I_{10} = 0$, nicht jedoch $e(t) \equiv 0$ wird. Jede Strecke, die mit diesem Verfahren behandelt wird, macht also eine gesonderte Untersuchung der beschriebenen Art erforderlich.

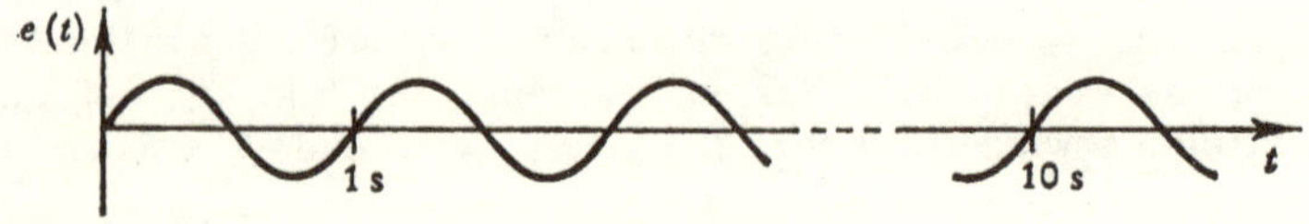

Bild 3/11
Möglicher Verlauf von $e(t)$ mit $J_1 = J_{10} = 0$

3.5 System mit Dämpfungsanpassung

Ein Adaptionsverfahren von ANDERSON, BULAND und COOPER [3.5], das auf dem im Abschnitt 1.4.2 von Teil I behandelten Kreuzkorrelationsverfahren fußt, wurde auf die stark varianten Eigenschaften bei einer Fluglagenregelung angewandt.
Der gesamte Regelkreis wird hierbei durch ein dominantes Polpaar mit der Übertragungsfunktion

$$G(s) = \frac{\omega_n^2}{s^2 + 2\,d\omega_n\,s + \omega_n^2} \tag{3.33}$$

und der Gewichtsfunktion

$$g(t) = \frac{\omega_n}{\sqrt{1 - d^2}}\, e^{-d\omega_n t} \sin\left(\omega_n t\,\sqrt{1 - d^2}\right) \tag{3.34}$$

angenähert. Die Gewichtsfunktion ist im Bild 3/12 skizziert.

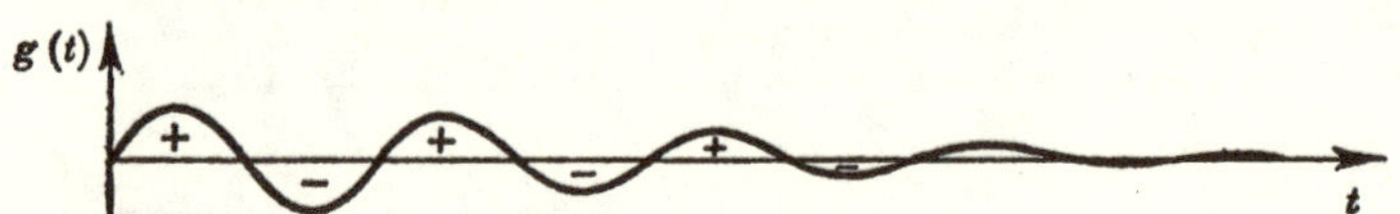

Bild 3/12
Aussehen der Gewichtsfunktion der Fluglageregelung

Da die Strecke zeitvariante Eigenschaften aufweist, ändert sich auch das Übertragungsverhalten des gesamten Regelkreises. Besonders störend ist die Schwankung der Dämpfung d. Die Adaption soll erreichen, daß d auf d_{soll} gehalten wird, wobei der Kenndatenindex d_{soll} z. B. gleich 0,5 sein kann.

Da d nicht direkt zu erfassen ist, wird ein Maß für die Dämpfung in Form einer Bewertungsfunktion

$$(3.35) \qquad F = A_+ - kA_-$$

eingeführt, in der A_+ die Summe aller oberhalb der Abszissenachse liegenden Teilflächen der Gewichtsfunktion $g(t)$, A_- die Summe aller unterhalb der Abszissenachse liegenden Teilflächen darstellt. k in (3.35) ist eine noch nicht näher bestimmte Konstante.
Mit Hilfe der Laplace-Transformation läßt sich F bei gegebener Form der Gewichtsfunktion errechnen:

$$(3.36) \qquad F = \frac{1 - k\,e^{-d\pi/\sqrt{1-d^2}}}{1 - e^{-d\pi/\sqrt{1-d^2}}}.$$

Setzt man in (3.36) z. B. $d = d_{soll} = 0{,}5$ ein, so ergibt sich ein linearer Zusammenhang zwischen F und k, der im Bild 3/13 skizziert ist. Es zeigt sich, daß die Bewertungsfunktion F gerade für $k = 6{,}1$ durch die k-Achse geht.

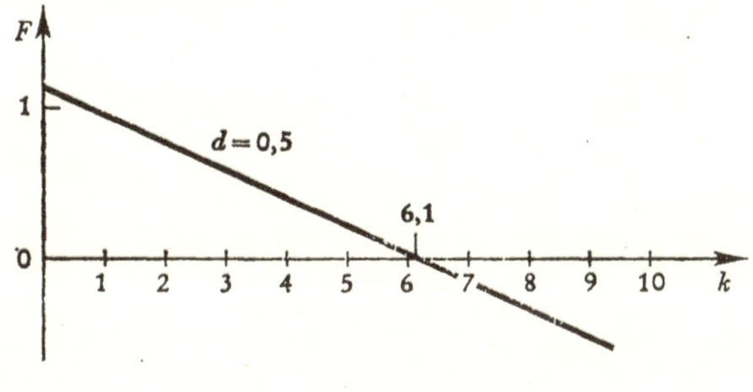

Bild 3/13
Zusammenhang zwischen F und k

Also läßt sich für (3.36) mit $k = 6{,}1$ eine Funktion darstellen, die gerade für $d = d_{soll} = 0{,}5$ verschwindet. Sie ist im Bild 3/14 gezeigt und kann benutzt werden, um festzustellen, ob die Dämpfung d des Systems zu groß oder zu klein ist. Gelingt es nämlich, F zu errechnen, so gibt das Vorzeichen von F Auskunft über den Dämpfungsgrad. Bild 3/14 verdeutlicht, daß sich für $d < d_{soll} = 0{,}5$ ein negativer Wert von F ergibt, für $d > d_{soll} = 0{,}5$ ein positiver Wert. Nur für $d = d_{soll} = 0{,}5$ ist $F = 0$.
Der dann anwendbare Entscheidungsprozeß führt nach (3.35) bei zu großem d zu einer Steigerung der Reglerverstärkung, bei zu kleinem d zu einer Minderung der Verstärkung. F wird über die Kreuzkorrelationsmethode aus der Gewichtsfunktion des Systems geliefert. Das Übertragungssystem erhält eine Rauschstörung aufgeschaltet; ein z. B. zwölfkanaliger Kreuzkorrelator liefert dann für die Gewichtsfunktion zwölf Einzelwerte, aus denen die Ge-

wichtsfunktion etwa als Treppenfunktion näherungsweise rekonstruiert werden kann (Bild 3/15). Aus der Darstellung von Bild 3/15 ergibt sich

$$F = \sum_{v=1}^{12} c_v g(t_v) \qquad \text{mit } c_v = \begin{cases} \tau_0 & \text{für } g(t_v) > 0 \\ k\tau_0 & \text{für } g(t_v) < 0 \end{cases}. \tag{3.37}$$

Bild 3/16 zeigt eine Übersicht über das vollständige System der Dämpfungsadaption.

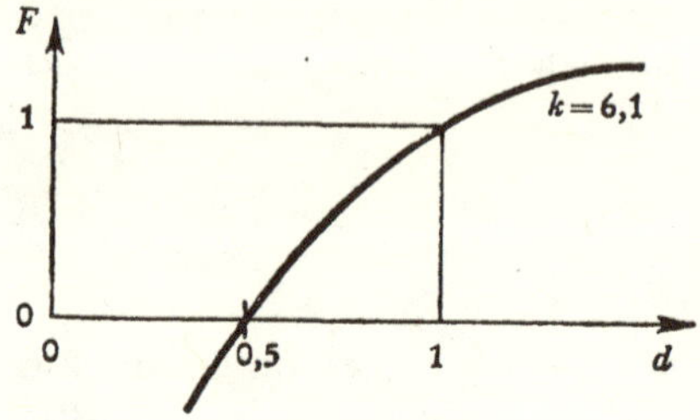

Bild 3/14
Zusammenhang zwischen F und d

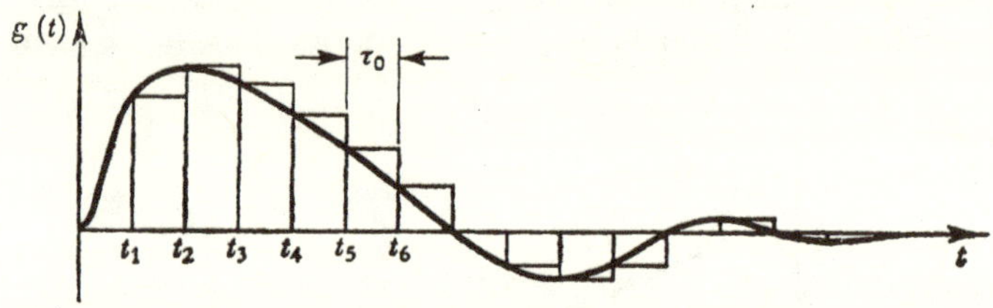

Bild 3/15
Treppenförmige Annäherung der Gewichtsfunktion

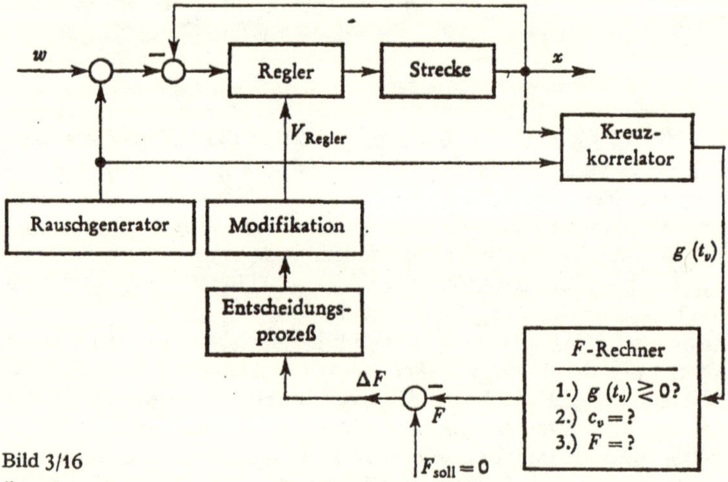

Bild 3/16
Übersicht über das System mit Dämpfungsanpassung nach Anderson, Buland und Cooper

3.6 Verstärkungsanpassung eines Regelkreises nach Osder

Ebenfalls für eine adaptive Fluglagenregelung wurde das in [3.1, 3.5] beschriebene Verfahren von OSDER entwickelt. Die Wurzelortskurve des Systems ist im Bild 3/17 gezeigt. Das Regelkreisverhalten ist insbesondere durch das eine dominante Polpaar bestimmt, das auf den von P_s ausgehenden Wurzelortsästen liegt. Je nach Größe der Verstärkung K wird der Regelkreis eine mehr oder minder große Dämpfung aufweisen. Durch Adaption der Reglerverstärkung K_x soll das System in der Mitte des Bereiches zwischen K_1 und K_2 gehalten werden.

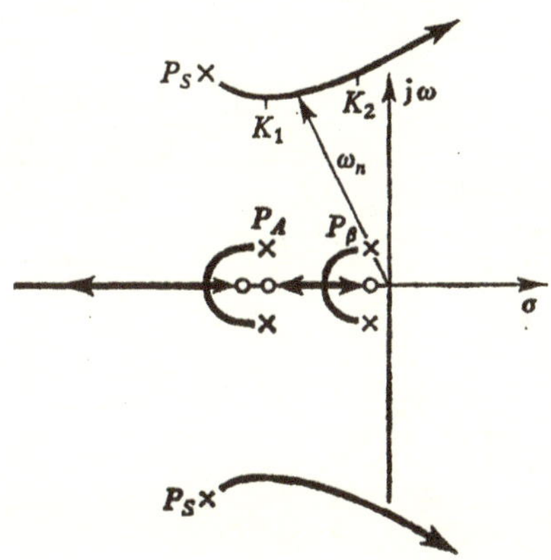

Bild 3/17
Wurzelortskurve einer Fluglagenregelung

Wie Bild 3/17 zeigt, schwankt in diesem Bereich die Länge ω_n des Vektors an den Wurzelortskurvenast von P_v sehr wenig. Die Eigenfrequenz des Systems ändert sich also in diesem Bereich sehr wenig. Wohl aber schwankt die Dämpfung stark, die näherungsweise durch den Richtungswinkel des Vektors gegeben ist.

Eine Erfassung des Schwingungsverhaltens des Regelkreises kann also zur Identifikation benutzt werden. Bild 3/18 zeigt den Aufbau des adaptiven Kreises. Es handelt sich um eine Identifikation mit Störsignal. Die Einspeisung einer impulsförmigen Störfunktion $\delta(t)$ am Eingang der Strecke erlaubt es, das Dämpfungsverhalten des Systems durch Beobachtung der Reaktion $\delta_E(t)$ auf die Impulsfunktion $\delta(t)$ zu beurteilen. Bei starker Dämpfung wird $\delta_E(t)$ in einem bestimmten Beobachtungszeitraum keine oder wenig Nulldurchgänge aufweisen, bei schwacher Dämpfung hingegen viele.

Näherungsweise gilt

$$\frac{\delta_E}{\delta}(s) = \frac{K'_T}{s^2 + s d \omega_n s + \omega_n^2} \tag{3.38}$$

mit

(3.39) $$K'_T = \frac{\omega_n^2}{1 + \frac{K_x K_A \omega_1 \omega_2}{(\omega_A \omega_B)^2}}$$

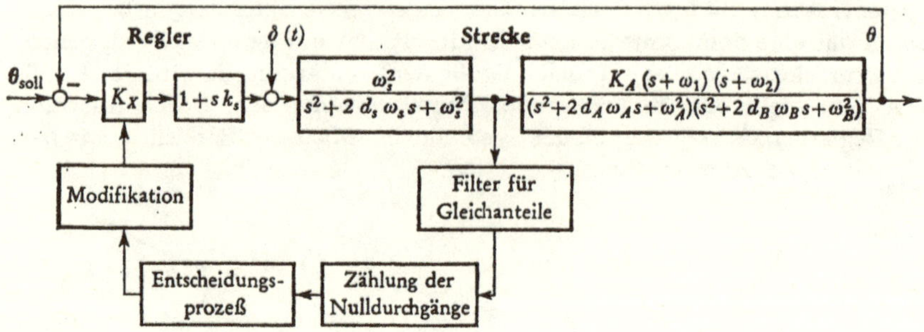

Bild 3/18
Adaptiver Regelkreis nach Osder

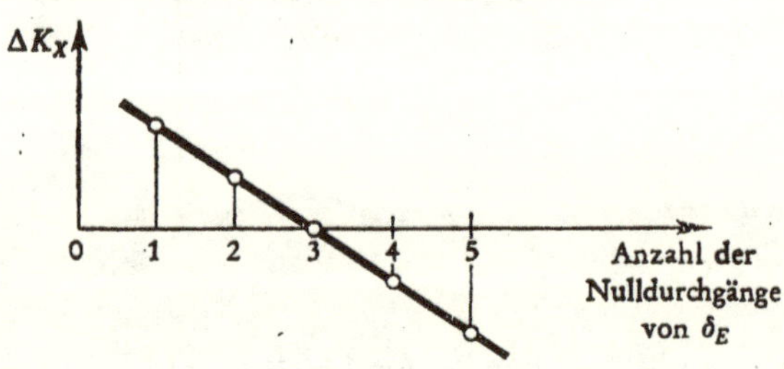

Bild 3/19
Entscheidungsprozeß beim System von Osder

Bei impulsförmiger Anregung ist also

(3.40) $$\delta_E(t) = \frac{K'_T}{\omega_n \sqrt{1 - d^2}} \, e^{-d\omega n t} \sin \omega_n t \sqrt{1 - d^2}.$$

Nulldurchgänge von $\delta_E(t)$ treten somit auf, wenn

(3.41) $$t_N = \frac{m\pi}{\omega_n \sqrt{1 - d^2}}, \quad m = 1, 2, 3, \ldots,$$

ist. Da ω_n annähernd konstant ist, solange man im Bereich $K_1 < K < K_2$ bleibt, sind diese t_N-Werte ein Maß für die Dämpfung. Es gilt also:

(3.42)

d	t_N	Anzahl der Nulldurchgänge
klein	klein	groß
groß	groß	klein

Bild 3/19 zeigt, wie dies als Entscheidungsprozeß benutzt werden kann. Dem erwünschten Systemzustand entsprechen z. B. drei Nulldurchgänge von $\delta_E(t)$ im gewählten Beobachtungszeitraum. Hat man weniger als drei Nulldurchgänge, so muß K_x vergrößert werden, hat man mehr als drei Nulldurchgänge, so wird K_x verkleinert.

3.7 Adaptive Regelung des Umsetzvorganges eines Förderkorbes

In [3.6] wird ein adaptives Regelungsproblem der Fördertechnik behandelt. Die gestellte Aufgabe besteht darin, den *Umsetzvorgang* eines Förderkorbes in Gestellförderung auf einer bestimmten Förderhöhe innerhalb einer vorgeschriebenen, aus Rationalisierungsgründen klein bemessenen Zeit durch-

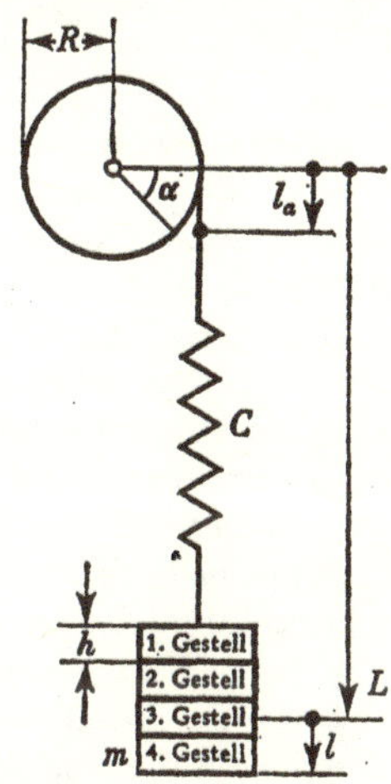

Bild 3/20
Umsetzvorgang eines Förderkorbes

zuführen. Der Förderkorb ist also in der vorgeschriebenen Zeit um einige Meter so zu heben oder zu senken, daß nacheinander alle Etagen (Gestelle) des Korbes be- oder entladen werden können (Bild 3/20).
Diese Aufgabe kann z. B. durch impulsförmige Steuerung des Drehzahlsollwertes der Förderseilscheibe so gelöst werden, daß durch geeignete Impulsvorgabe eine endliche Einstellzeit (Dead-Beat-Response) für die Korbstellung erzeugt wird, eine Lösung, die von F. Haberstock und F. Kümmel [3.7] angegeben wurde.
Soll die Veränderung der Förderkorbposition nun nicht gesteuert, sondern geregelt durch Erfassung der Position und Vergleich mit einem Sollwert erfolgen, so stößt dies zunächst auf die Schwierigkeit, daß die vorliegende Strecke (Förderkorb—Seil) ein Verhalten aufweist, das die Ermittlung eines Reglers mit üblichen Verfahren recht schwierig gestaltet. Das soll nun gezeigt werden.

Der Förderkorb, dessen Umsetzvorgang geregelt werden soll, besitzt die Masse m und hängt an einem Seil, dessen Länge über eine drehzahlgeregelte Seilscheibe mit dem Radius R verändert werden kann (Bild 3/20). Die momentane Stellung des Korbes im Schacht ist durch die Seillänge L gegeben, die sich bei bewegtem Korb aus einem dynamischen und einem stationären Anteil zusammensetzt:

$$L = L_{st} + L_{dyn}. \tag{3.43}$$

Der stationäre Anteil L_{st} wird durch die Stellung des an der Seilscheibe angebrachten Kopierwerkes erfaßt, der dynamische Anteil L_{dyn} durch zweimalige Integration der Anzeige eines im Korb angebrachten Beschleunigungsmessers.

Beim Umsetzvorgang soll die Stellung nun so verändert werden, daß der Korb nach dem Übergangsvorgang um die Gestellhöhe h tiefer- (bzw. höher-) gerückt ist. Dies erfolgt durch Drehen der Seilscheibe um einen Winkelwert $\Delta\alpha$, der einer an der Seilscheibe abgelaufenen (bzw. eingeholten) Seillänge $l_a = R \cdot \Delta\alpha$ entspricht. l_a muß gleich h sein. Dadurch, daß die Seilscheibe sich um $\Delta\alpha$ verdreht, ändert sich auch die Korbstellung L um einen Betrag, der mit l bezeichnet sei. Während des Übergangsvorgangs ist l nicht mit l_a identisch, weil die Seilelastizität zu einer erheblichen Dehnung und Kürzung des Seiles bei dynamischer Beanspruchung führt. Nach Beendigung des Ausgleichsvorgangs haben jedoch l, l_a und h den gleichen Wert.

Die Drehzahlregelung der Seilscheibe wird so ausgelegt, daß die Zeitkonstanten der geschlossenen Drehzahlregelung gegenüber dem Zeitverhalten des Systems Seilscheibe—Seil—Korb vernachlässigt werden können. Die Drehzahlregelung ist also so schnell, daß sie ohne Bedenken als ein Proportionalglied betrachtet werden kann. Zwischen der Eingangsspannung $u(t)$, die dem Sollwert der Drehzahl entspricht, und der Drehzahl n der Seilscheibe besteht daher die Beziehung

$$n(t) = K \cdot u(t). \tag{3.44}$$

Das elastische Verhalten des Systems Seil—Korb kann mit guter Näherung durch eine einzige Feder mit der resultierenden Federkonstanten c und mit darangehängter Korbmasse m nachgebildet werden. Für die am Korb wirkenden Kräfte kann dabei folgendes ausgesagt werden. Einer Zunahme der Gesamtseillänge (also einem Sinken des Korbes) um den Wert l entspricht eine Trägheitskraft $m\ddot{l}$. Ihr wirkt, solange $l_a = 0$ ist, stets die Federkraft cl entgegen. Wenn also die Seilscheibe sich nicht bewegt ($\Delta\alpha = 0$) und beim Korb durch eine Störung, etwa Gewichtszunahme, eine Bewegung $l(t)$ angeregt wird, so wird diese Bewegung der ungedämpften Schwingungsgleichung

$$m\ddot{l} + cl = 0 \tag{3.45}$$

folgen. Die sehr geringen Dämpfungskräfte der inneren Seilreibung und der Gleitschienen des Korbes können ohne weiteres vernachlässigt werden. Wenn nun gleichzeitig noch eine Drehung der Seilscheibe bewirkt, daß eine Größe $l_a(t) \neq 0$ entsteht, so wird die das Seil darstellende Feder entweder entspannt oder gespannt. Die dann geltende Bewegungsgleichung des Korbes ist

$$m\ddot{l} + cl = cl_a. \tag{3.46}$$

Man sieht, daß die ungedämpfte Schwingungsgleichung nun eine Anregungsfunktion cl_a erhält. Die Größe $l_a(t)$ muß also in der vorzunehmenden Lageregelung als Stellgröße immer solche Anregungen auf das Seil geben, daß die Korbstellung einen gedämpften Übergangsvorgang besitzt und keine Dauerschwingungen vollzieht. Dies muß durch den zu ermittelnden Regler erfüllt werden.

Da nun die Größe l_a mit der Drehzahl der Seilscheibe über das Gesetz

$$\int n\,\mathrm{d}t = \Delta\alpha = \frac{l_a}{R} \tag{3.47}$$

zusammenhängt, ergibt sich aus (3.46) und (3.44)

$$m\ddot{l} + cl = cR\int n\,\mathrm{d}t = KcR\int u\,\mathrm{d}t. \tag{3.48}$$

Durch Laplace-Transformation erhält man aus (3.48)

$$L(s) = \frac{1}{1 + \frac{m}{c}s^2} \cdot \frac{RK}{s}\,U(s). \tag{3.49}$$

Die Korbstellung l hängt also mit der Drehzahl n der Seilscheibe über ein integrales Glied und ein ungedämpftes Schwingungsglied 2. Ordnung zusammen. Die Strecke für die Lageregelung des Förderkorbes ist also von 3. Ordnung, wobei sämtliche Pole auf der imaginären Achse liegen. Eine befriedigende dynamische Behandlung mit konventionellen Verfahren stößt daher auf Schwierigkeiten, selbst wenn man von der Adaptivität absieht. Mit (3.44), (3.47), (3.46) bzw. (3.49) kann man das Strukturbild der Regelstrecke angeben: Bild 3/21.

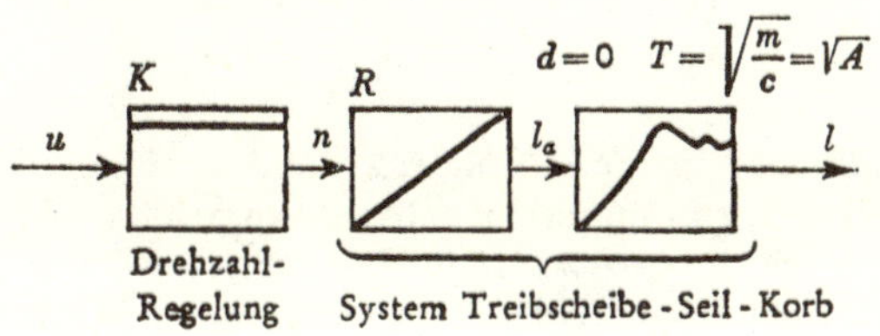

Bild 3/21
Strukturbild der Regelstrecke aus Bild 3/20

Mit $RK = 10$ wird aus (3.49)

$$L(s) = \frac{10}{s + A s^3} U(s), \tag{3.50}$$

wobei $A = \frac{m}{c}$ ist. Der Parameter A hängt von der Seillänge L und dem Gesamtgewicht des Korbes ab. Hat das Seil die Länge L, die Querschnittsfläche F und den Elastizitätsmodul E, so ist seine resultierende Federkonstante durch

$$c = \frac{EF}{L} \tag{3.51}$$

gegeben, also der Parameter A durch

$$A = \frac{mL}{EF} \tag{3.52}$$

und die Eigenkreisfrequenz des Systems durch

$$\omega = \sqrt{\frac{c}{m}} = \sqrt{\frac{1}{A}} = \sqrt{\frac{EF}{mL}}. \tag{3.53}$$

Für ein konkretes Anlagenbeispiel gelten folgende numerischen Angaben. Bei beladenem Korb mit dem Gesamtgewicht von z. B. 61,3 t tritt für eine Seillänge von $L = 700$ m eine Kreisfrequenz $\omega = 2 \frac{1}{\mathrm{s}}$ und für eine Seillänge von $L = 37$ m eine Kreisfrequenz $\omega = 8{,}7 \frac{1}{\mathrm{s}}$ auf. Bei unbeladenem Korb mit dem Leergewicht von 46,4 t tritt für die Seillänge $L = 700$ m ein $\omega = 2{,}3 \frac{1}{\mathrm{s}}$ und für die Seillänge $L = 37$ m ein $\omega = 10 \frac{1}{\mathrm{s}}$ auf. Hiermit ergeben sich für den Parameter A folgende Werte:

	Seillänge 37 m	700 m
Korb beladen	$A = 0{,}013\ s^2$	$A = 0{,}25\ s^2$
unbeladen	$A = 0{,}01\ s^2$	$A = 0{,}189\ s^2$.

Der Streckenparameter schwankt also im Verhältnis 1:25, und zwar wegen seiner Abhängigkeit von der Belastung in unvorhersehbarer Weise.
Als Entscheidungsprozeß wurde das im Abschnitt 1.2.3 beschriebene Verfahren für vollständige Systeminvarianz gewählt.

Die Nennerfunktion der Strecke ist 3. Ordnung. Der zu ermittelnde Regler hat daher wegen $l = q - 1$ die Form

$$R(s) = \frac{b_0 + b_1 s + b_2 s^2}{a_0 + a_1 s + s^2} = \frac{P(s)}{Q(s)}.$$

Daher wird die Nennerfunktion des geschlossenen Kreises von 5. Ordnung.
Die Führungsübergangsfunktion des geschlossenen Kreises kann nun aus dem Atlas von Bild 1/20 entnommen werden, der den Zusammenhang zwischen einer Polverteilung für verschiedene Ordnungen des Regelkreises mit dem entsprechenden Zeitverhalten herstellt. Hier findet man die Übergangsfunktionen $u(t)$ eines Übertragungsgliedes

$$G^*(s) = \frac{1}{(s + D + j\alpha D)(s + D - j\alpha D)(s + 5D)^k}$$

in Abhängigkeit von dem Grad k des Mehrfachpoles aufgetragen.
Im vorliegenden Beispiel hat sich als Nennergrad des geschlossenen Regelkreises die Zahl 5 ergeben. Dem entsprechen im Bild 1/20 die Übergangsfunktionen $u(t)$ des Diagramms mit $k = 3$. Da die technische Forderung an den Umsetzvorgang mit 3 sec Anregelzeit und höchstens 5% Überschwingung angegeben ist, eignet sich die dort zu findende Übergangsfunktion mit $\alpha = 1$ und $D = 1$ zur Erfüllung der geforderten Bedingungen. Das Gesamtstreckenverhalten ist also durch die Übertragungsfunktion 5. Ordnung

$$G^*(s) = \frac{1}{(s + D + j\alpha D)(s + D - j\alpha D)(s + 5D)^3}$$

mit $\alpha = 1$, $D = 1$ vorzugeben.
Die Synthesegleichungen (1.40) lauten hier:

$$\begin{bmatrix} z_0 & 0 & 0 & n_0 & 0 \\ & z_0 & 0 & n_1 & n_0 \\ & & z_0 & n_2 & n_1 \\ & 0 & & n_3 & n_2 \\ & & & \cdot & n_3 \end{bmatrix} \cdot \begin{bmatrix} b_0 \\ b_1 \\ b_2 \\ a_0 \\ a_1 \end{bmatrix} = A \cdot \begin{bmatrix} -S_0 \\ +S_1 \\ -S_2 \\ +S_3 \\ -S_4 \end{bmatrix} - \begin{bmatrix} 0 \\ 0 \\ n_0 \\ n_1 \\ n_2 \end{bmatrix}. \tag{3.54}$$

Hierin nehmen die elementarsymmetrischen Funktionen S_v bei den vorgegebenen Werten der Polverteilung die folgenden, aus Bild 1/21 zu entnehmenden Werte an:

$$\begin{aligned} S_0 &= -250, \\ S_1 &= +400, \\ S_2 &= -305, \\ S_3 &= +107, \\ S_4 &= -17 \,. \end{aligned} \tag{3.55}$$

Damit wird aus (3.54), wenn man noch die Streckenparameter z_v und n_v einsetzt:

$$\begin{bmatrix} 10 & 0 & 0 & 0 & 0 \\ 0 & 10 & 0 & 1 & 0 \\ 0 & 0 & 10 & 0 & 1 \\ 0 & 0 & 0 & A & 0 \\ 0 & 0 & 0 & 0 & A \end{bmatrix} \cdot \begin{bmatrix} b_0 \\ b_1 \\ b_2 \\ a_0 \\ a_1 \end{bmatrix} = \begin{bmatrix} 250\,A \\ 400\,A \\ 305\,A \\ 107\,A - 1 \\ 17\,A \end{bmatrix}. \tag{3.56}$$

Die Auflösung nach den Reglerparametern a_v und b_v liefert den Entscheidungsprozeß:

$$\begin{aligned} b_0 &= 25\,A, \\ b_1 &= 40\,A - 10{,}7 + \frac{1}{10\,A}, \\ b_2 &= 30{,}5\,A - 1{,}7, \\ a_0 &= 107 - \frac{1}{A}, \\ a_1 &= 17. \end{aligned} \tag{3.57}$$

Die Größe des Parameters A hängt von der Länge des Förderseiles und dem Korbgewicht ab. Für kurze Seillänge und unbelasteten Korb ist $A = 0{,}01$, für große Seillänge und belasteten Korb $A = 0{,}25$. Der mit (3.57) adaptierte Regler ist für diesen ganzen Bereich von A stets stabil. Für große Werte von A besitzt er konjugiert komplexe Pole, für kleine Werte von A sind die Pole reell. Die Nullstellen des Reglers liegen teilweise in der rechten Hälfte der komplexen Ebene. Er erzwingt für jedes beliebige A die vorgechriebene Pol-Nullstellen-Verteilung des geschlossenen Regelkreises.

Mit dieser Adaption wird also nicht nur, wie bei den meisten anderen Adaptionsverfahren, garantiert, daß das System stabil oder die Übergangsfunktion in einem bestimmten zulässigen Bereich bleibt, sondern es wird für jeden beliebigen, stationär vorhandenen Wert des Streckenparameters A stets wieder die gleiche Übergangsfunktion erzwungen.

Die *Erkennung* des Parameters A kann so erfolgen, daß man die Seillänge L und die Korbmasse m meßtechnisch erfaßt und die Funktion (3.52) $A = \frac{mL}{EF}$ durch ein Rechengerät dauernd errechnet. Bereitet die Messung von L und m Schwierigkeiten, so ist es zweckmäßig, ein Parameteridentifikations-Verfahren gemäß Abschnitt 2.1 zur Messung von A einzusetzen. Zunächst soll davon ausgegangen werden, daß die Größe von A durch Verarbeitung der Meßgrößen m und L dauernd ohne Fehler errechnet wird und zur Adaption des Reglers zur Verfügung steht.

Um zunächst zu zeigen, daß die Regleradaption hier tatsächlich notwendig ist, wurde für $A = 0{,}01$, also für kurze Seillänge, der Regler errechnet und fest eingestellt. Der Sollwert des Regelkreises l_{soll} wurde sprungartig verändert. Sofern der Streckenparameter $A = 0{,}01$ ist, hat die Übergangsfunktion von l tatsächlich den geforderten Verlauf (Bild 3/22, oberes Diagramm). Wenn jedoch die Seillänge größer ist, also etwa für $A = 0{,}05$ oder für $A = 0{,}25$, eignet sich der mit $A = 0{,}01$ errechnete Regler offenbar nicht mehr. Wie man aus Bild 3/22 erkennt, regt der mit $A = 0{,}01$ fest eingestellte Regler für $A = 0{,}05$ und $A = 0{,}25$ sogar aufklingende

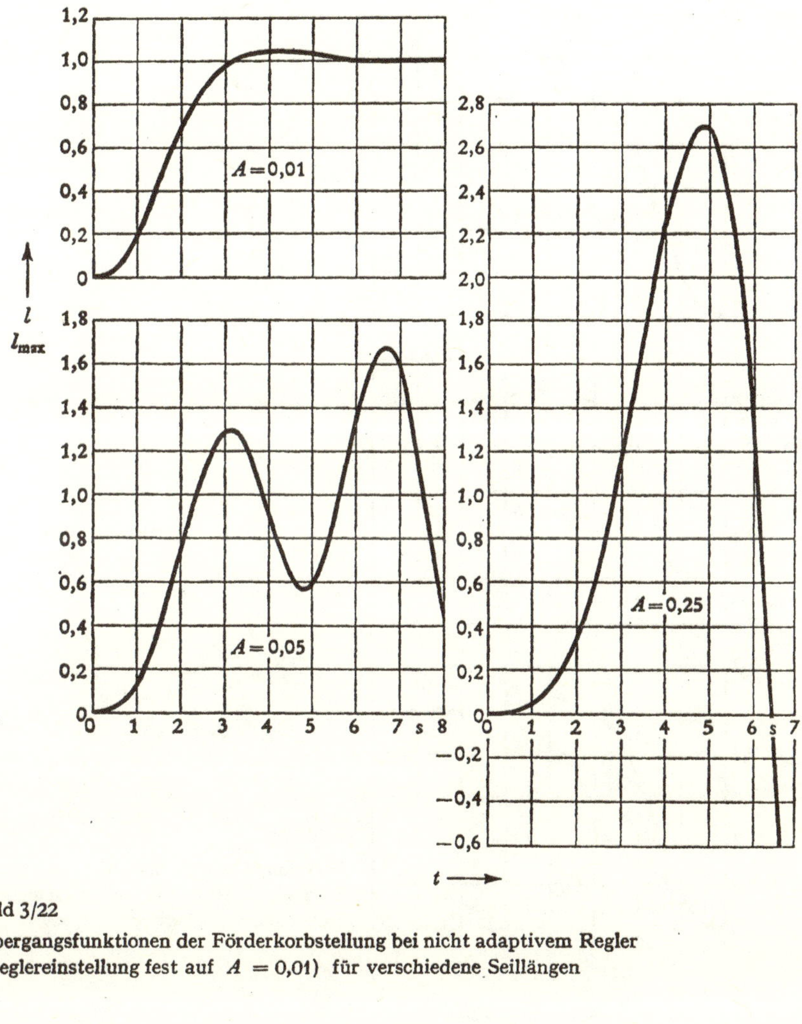

Bild 3/22

Übergangsfunktionen der Förderkorbstellung bei nicht adaptivem Regler (Reglereinstellung fest auf $A = 0{,}01$) für verschiedene Seillängen

Schwingungen an, was zu einem schnellen Seilbruch führen würde. Es ist also in der. Tat nötig, den Regler bei verändertem A ebenfalls zu verändern. Für verschiedene Werte des Parameters A wurden im Bild 3/23 die Übergangsfunktionen des nunmehr adaptierten Regelkreises aufgenommen. Sie lassen erkennen, daß der adaptive Regler die gestellten Forderungen erfüllt.

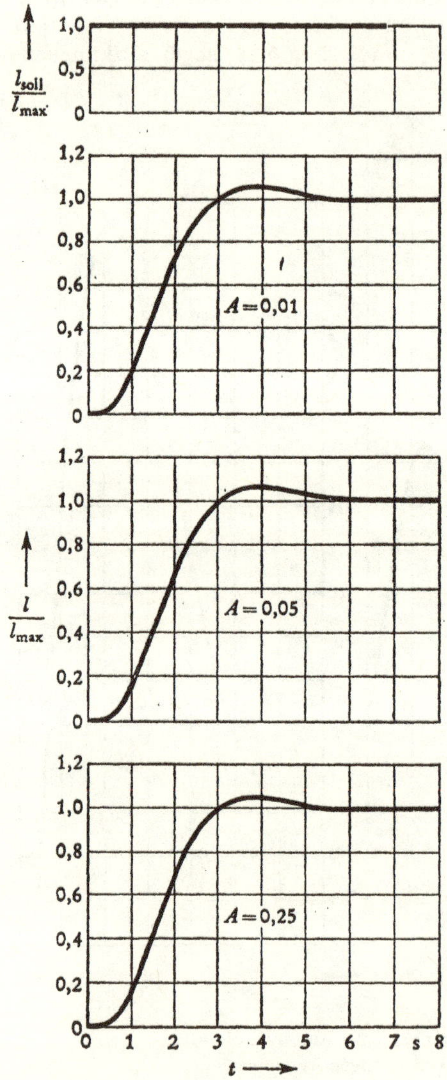

Bild 3/23
Übergangsfunktionen der Förderkorbstellung für drei verschiedene Seillängen mit adaptivem Regler

Alle Übergangsfunktionen weisen durch die Adaption das gleiche Zeitverhalten auf, obwohl der Parameter A der Strecke sich insgesamt um den Faktor 25 verändert.
Um die günstige Wirkung eines adaptiven Reglers gegenüber einem fest eingestellten anhand der Untersuchung weiterer möglicher Betriebsfälle zu zeigen, wurde der Fall einer sprungartigen Belastung des ruhenden Förder-

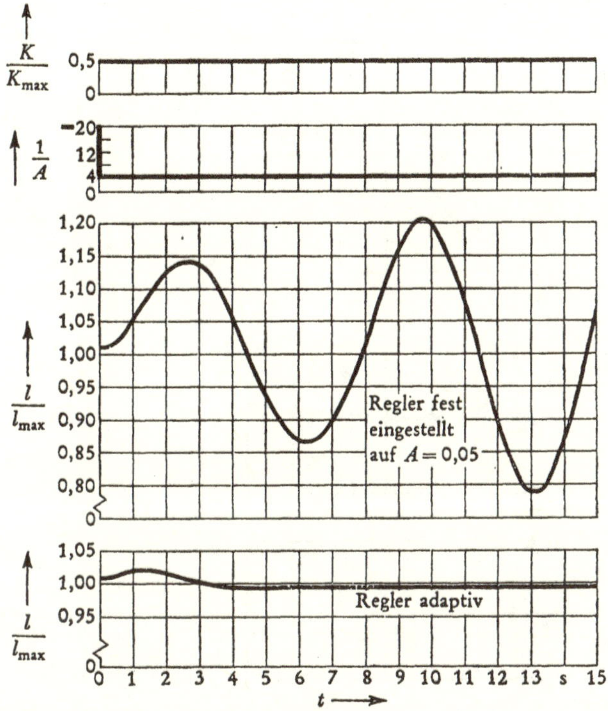

Bild 3/24

Gewichtserhöhung des Förderkorbes und damit verbundene Änderung des Parameters A bei stillstehendem Korb. Vergleich zwischen festem und adaptivem Regler

korbes näher betrachtet, also das Einwirken einer Störgröße. Der leere Förderkorb wurde auf mittlerer Schachthöhe ($A = 0{,}05$) sprungartig mit seinem 1,24 fachen Leergewicht belastet, was eine sprungartige Änderung des Streckenparameters A auf das fünffache des ursprünglichen Wertes, also auf $A = 0{,}25$, bewirkt. Gleichzeitig wirkt dabei aber auf das Seil eine Kraft K auf Grund der Gewichtsvergrößerung, die in der Höhe des halben dynamisch zulässigen Maximalwertes K_{max} der Seilbeanspruchung angenommen wurde. Bild 3/24 zeigt die Übergangsfunktion der Korbstellung einmal bei fester Einstellung des Reglers auf den vor der Gewichtserhöhung vorhandenen Wert $A = 0{,}05$ und zum anderen bei adaptivem Regler. Der fest eingestellte Regler bewirkt aufklingende Schwingungen des Systems, während der adaptive Regler die starke Störung des Systems nach einer kurzen Ausgleichszeit ausregelt.

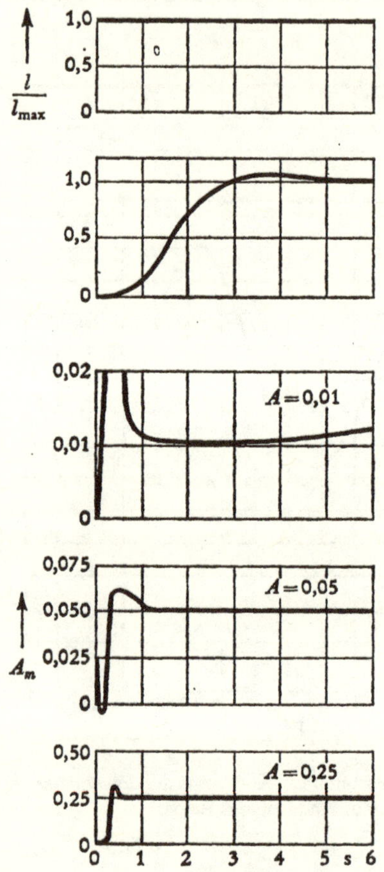

Bild 3/25
Messung des quasistationären Regelkreisparameters A mit dem Verfahren von Corbin

Anstelle der nicht immer durchführbaren direkten Parameteridentifikation wurde das Erkennungsverfahren von Corbin (Teil I, Abschnitt 2.1.3) eingesetzt, um den Parameter A aus der Strecke heraus zu messen. Dazu dient eine Rechenschaltung, der die Größen l_a und l zugeführt werden. Zwischen ihnen besteht der Zusammenhang

$$A\ddot{l} + l = l_a.$$

Aus ihm ergibt sich die Funktion

$$A = \frac{\int\limits_0^t \int (l - l_a)\, \mathrm{d}t\, \mathrm{d}t}{-l + l(0) + \int\limits_0^t i(0)\, \mathrm{d}t}.$$

Bild 3/25 zeigt den Ausgang $A_m(t)$ dieser Rechenschaltung für drei verschiedene Werte von A, nachdem auf den Regelkreis ein Sollwertsprung gegeben wurde.

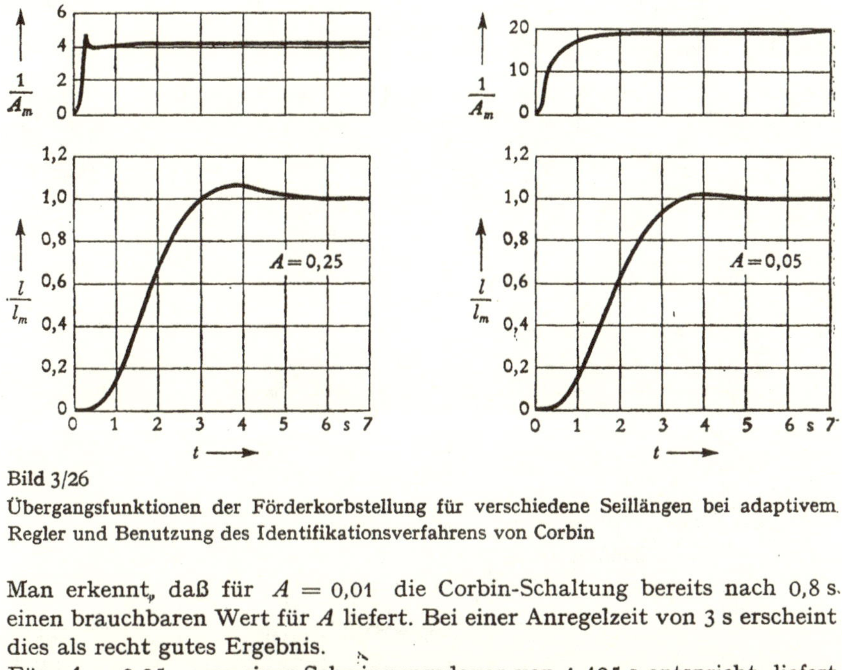

Bild 3/26

Übergangsfunktionen der Förderkorbstellung für verschiedene Seillängen bei adaptivem Regler und Benutzung des Identifikationsverfahrens von Corbin

Man erkennt, daß für $A = 0{,}01$ die Corbin-Schaltung bereits nach 0,8 s einen brauchbaren Wert für A liefert. Bei einer Anregelzeit von 3 s erscheint dies als recht gutes Ergebnis.

Für $A = 0{,}05$, was einer Schwingungsdauer von 1,405 s entspricht, liefert die Messung nach ebenfalls 0,8 s einen brauchbaren Wert für A. Für $A = 0{,}25$ oder eine Schwingungsdauer von 3,14 s ist das Ergebnis mit einer Meßzeit von 0,5 s noch wesentlich günstiger.

Bild 3/26 zeigt die Adaptionsergebnisse für den Fall, daß die Identifikation mit Hilfe des Corbin-Verfahrens durchgeführt wird. Es sind die Ausgangsgrößen der Identifikationsschaltung für zwei verschiedene Werte von A, $A = 0{,}25$ und $A = 0{,}05$ aufgetragen. Diese Größen werden einer Rechenschaltung zugeführt, die den Entscheidungsprozeß nach (3.57) realisiert. Bild 3/26 zeigt weiter die Übergangsfunktion des adaptiven Regelkreises für $A = 0{,}25$ und $A = 0{,}05$.

3.8 Adaptive Regelung in einem Mischgasnetz

In Teil I, Abschnitt 1.5.10 wurde eine zeitvariante Strecke im Druckregelkreis eines Gasnetzes beschrieben. Die Funktionsweise der gesamten Mischungsregelung und der adaptiven Druckregelung sei hier kurz beschrieben. Die Aufgabe der Regelung besteht in der Hauptsache darin, den Heizwert H eines Mischgases konstant, z. B. auf $1\,000 \frac{\text{k Kal}}{\text{Nm}^3}$ zu halten. Die Funktionsweise sei anhand von Bild 3/27 erläutert. Der Hochofen liefert als Abfallprodukt in Menge und Heizwert stark schwankendes Gichtgas. Der Heizwert H_G liegt bei etwa $700-800 \frac{\text{k Kal}}{\text{Nm}^3}$. Um den geforderten höheren Heizwert H einzustellen, muß also höherwertiges Gas beigemischt werden. Dies geschieht in einer Mischstelle, und zwar zunächst mit Hilfe von Koks-

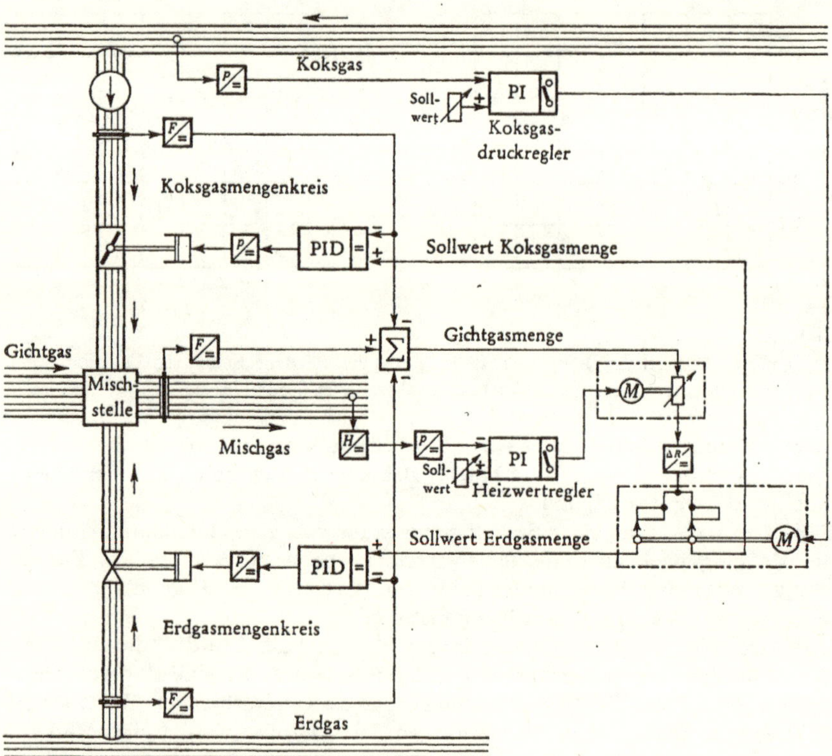

Bild 3/27
Heizwertregelung mit Koksgasdruckregelung

gas, dessen Heizwert bei etwa $H_K = 4300 \frac{\text{kKal}}{\text{Nm}^3}$ liegt, bei Mangel an Koksgas durch Erdgas mit einem Heizwert $H_E = 8600 \frac{\text{kKal}}{\text{Nm}^3}$. Das Koksgas wird aus einem Koksgasnetz mit Hilfe von Verdichtern zur Mischstelle gefördert. Um die Koksgasmenge beeinflussen zu können, ist in die Zuleitung eine Drosselklappe eingefügt, die als Stellorgan für eine Koksgasmengenregelung benutzt wird. In gleicher Weise läßt sich die Erdgasmenge über ein Ventil regeln. Die beiden Mengenregelkreise sind dem Heizwertregelkreis für das Mischgasnetz unterlagert. Sinkt etwa der Heizwert des Mischgases ab, weil plötzlich wesentlich mehr Gichtgas vom Hochofen geliefert wird, so werden von der Abweichung her die Sollwerte der Mengen von Koksgas- und Erdgaseinspeisung angehoben. Die Mengenregelkreise heben die eingespeisten Mengen der höherwertigen Gase an, so daß der Heizwert wieder auf den Sollwert ansteigt.

Außerdem besitzt das Koksgasnetz aber noch einen Druckregelkreis, der einen genügenden Versorgungsdruck für alle Koksgasverbraucher gewährleisten soll. Da der Hauptabnehmer für Koksgas das Mischgasnetz ist, liegt es nahe, den Koksgasdruck dadurch zu regeln, daß die in das Mischgasnetz eingespeiste Koksgasmenge zur Beeinflussung des Drucks benutzt wird. Sinkt also etwa der Koksgasdruck, so muß die Koksgasmenge, die ins Mischgasnetz fließt, durch Verstellen der Drosselklappe um einen bestimmten Winkel α verkleinert werden. Das für die Erlangung eines genügenden Heizwertes des Mischgases nun fehlende Koksgas wird dann automatisch durch Erdgas ersetzt.

Es leuchtet aber ein, daß der Verstärkungsfaktor des Druckregelkreises um so mehr sinken wird, je geringer die eingespeiste Koksgasmenge ist. Durch eine umfassende Simulation wurde dieser Effekt in seiner Wirkung auf das dynamische Verhalten, insbesondere des Druckregelkreises, untersucht. Die Streckenverstärkung der Druckregelstrecke stellte sich als der Koksgasmenge annähernd umgekehrt proportional heraus. Der Aufbau des Druckregelkreises als adaptiver Kreis wurde dann folgendermaßen durchgeführt. Die Identifikation des Streckenzustandes erfolgte durch Erfassung der eingespeisten Koksgasmenge, also als indirekte Parametermessung. Als Entscheidungsprozeß wurde die Forderung nach einem leicht überschwingenden Übergangsvorgang der Störübergangsfunktion des Drucks bei der Druckregelung vorgegeben. Für verschiedene Werte der Koksgasmenge konnte dann der im Sinne dieses Entscheidungsprozesses jeweils optimale Verstärkungsfaktor für den Druckregler ermittelt werden. Er wurde über ein Kennlinienglied im Entscheidungsprozeß erzeugt, über einen Multiplikator im Regler realisiert und erzeugte stets den gleichen Übergangsvorgang.

Bild 3/28 zeigt die Wirkung der Adaption. Es wurde auf die Regelgröße des Druckregelkreises eine sprungförmige Störgröße aufgeschaltet. Die Druckabweichung wurde dann für zwei Fälle jeweils mit adaptivem und mit fest eingestelltem Regler aufgezeichnet. Im ersten Fall wurden 100% der maximal möglichen Koksgasmenge gefördert. Der Streckenverstärkungsfaktor ist also groß. Ein fest eingestellter, noch Stabilität gewährleistender Regler bringt den Druck recht schnell, aber mit starker Überschwingung auf den Sollwert zurück (Kurve *A* von Bild 3/28). Der gleiche Regler erzeugt dagegen bei 20% der Koksgasmenge, also wesentlich geringerer Streckenverstärkung, nur noch einen kriechenden Regelvorgang (Kurve *B* von Bild 3/28). Der adaptive Regler dagegen erzeugt in beiden Fällen den gleichen nicht überschwingenden Zeitvorgang (Kurve *C* im Bild 3/28).

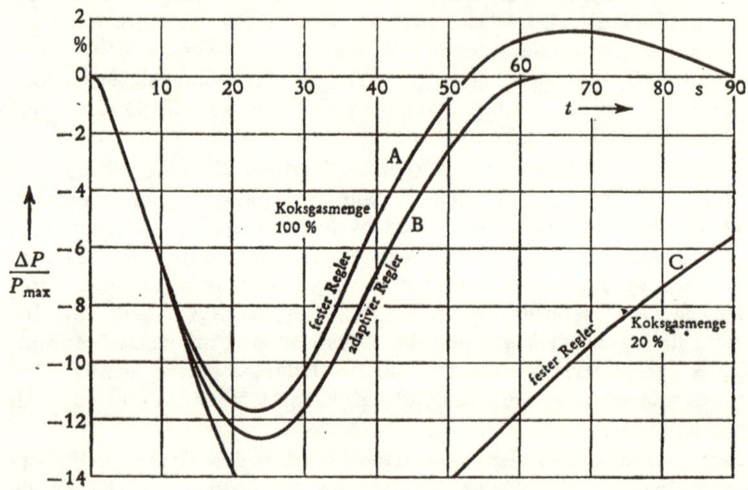

Bild 3/28
Übergangsfunktionen des Koksgasdrucks

3.9 Adaptive Regelung der Oberwalzenanstellung einer Blockstraße

In [3.8] wurden die regelungstechnischen Probleme behandelt, die mit der Automatisierung der Oberwalzenanstellung einer Blockstraße zusammenhängen, wenn als Antrieb ein Leonardsatz eingesetzt ist. Wenn auch bei neu installierten Anlagen kein Leonardsatz mehr eingesetzt würde, so spielt dennoch gerade jetzt wieder die Berücksichtigung des Verhaltens von Leonardsätzen in älteren zu automatisierenden Anlagen eine besonders aktuelle Rolle. Neuanlagen werden wegen der modernen Stranggußtechnik kaum noch errichtet. Einige wenige Stahlqualitäten können jedoch mit dem Stranggußverfahren noch nicht verarbeitet werden. Für diese benötigt man also noch Blockwalzstraßen. Hierfür reichen aber die bestehenden Anlagen aus, die zumeist mit Leonardsätzen ausgestattet sind. Um derartige Anlagen schnelligkeitsoptimal regeln zu können, müssen also die Wirkungen des

Leonardantriebs berücksichtigt werden. Bild 3/29 zeigt den prinzipiellen Aufbau des Systems. Dem Lageregelkreis für die Anstellung s ist ein Drehzahlregelkreis für die Motordrehzahl n und diesem wiederum ein Regelkreis für den Ankerstrom i_A des Leonardsatzes unterlagert.
Der erwünschte schnelligkeitsoptimale Verlauf von Anstellung s, Drehzahl n und Ankerstrom i_A ist im Bild 3/30 gezeigt. Hierbei ist angenommen, daß die Drehzahl ihre Grenze nicht erreicht. Während einer Beschleunigungsphase wird mit maximal zulässigem i_A beschleunigt, so daß n und s so schnell

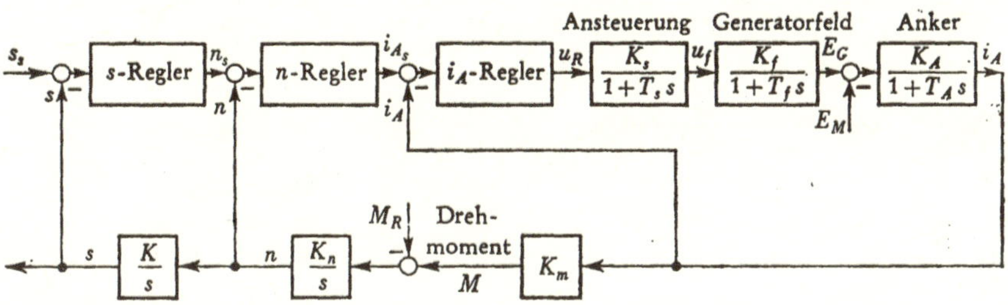

Bild 3/29

Schnelligkeitsoptimale Lageregelung

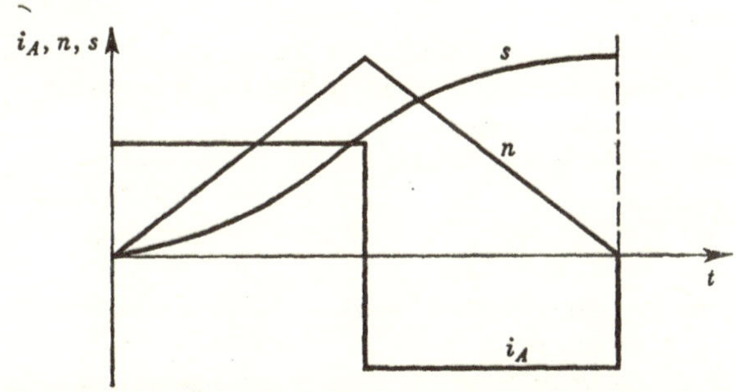

Bild 3/30

Idealer Verlauf der Zustandsgrößen

wie möglich wachsen. In der darauffolgenden Bremsphase wird mit maximal zulässigem Bremsstrom verzögert, so daß die Drehzahl so schnell wie möglich sinkt. Am Ende der Bremsphase besitzt n den Wert 0, und die Anstellung s befindet sich in ihrem Sollwert.
Die realen Gegebenheiten einer derartigen Anlage führen dazu, daß man ein solches Verhalten nicht genau realisieren kann. Wohl aber kann man ihm nahe kommen, indem man die Regler geeignet auslegt. Der Anstellungsregler nimmt dabei die Form einer nichtlinearen Kennlinie an.
Besonders anschaulich erweist sich zur Beschreibung der angestrebten schnelligkeitsoptimalen Verhaltensweise der Anlage die Methode der Phasenebene: Sie wurde auch beim Entwurf des konkreten Systems in [3.8] verwendet. Ferner wurden Verfahren wie die Theorien von LERNER und der Satz von FELDBAUM, die im Abschnitt 1 unter „Strukturoptimale Ent-

scheidungsprozesse" Erwähnung finden, zur Lösung des Problems herangezogen. Bild 3/31 zeigt das Verhalten von schnelligkeitsoptimalen Trajektorien in der Phasenebene. Ziel ist es, den Punkt $(n, \Delta s) = (0{,}0)$ der $(n, \Delta s)$-Ebene zeitoptimal zu erreichen, d. h. die Regeldifferenz Δs auf 0 abzubauen und gleichzeitig den Motor auf $n = 0$ abzubremsen. Während einer Beschleunigungsphase wird der Trajektorienteil 1 bzw. 1′ durchlaufen. Bei großem Δs stößt die Beschleunigungstrajektorie auf eine Gerade $n = n_{max}$, die nicht überschritten werden darf, so daß hier die Beschleunigung nicht beibehalten werden darf. Das Antriebsmoment muß nur gerade diese

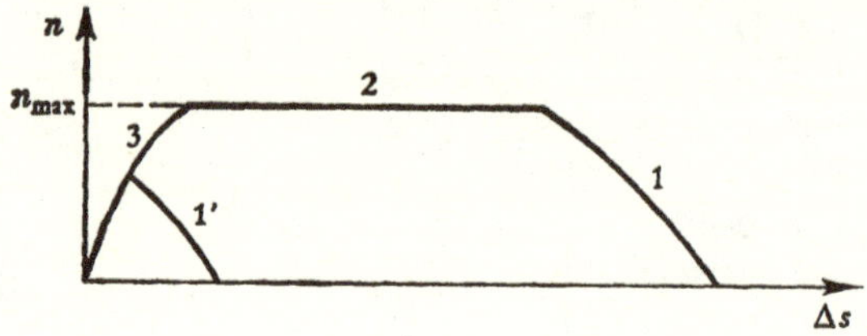

Bild 3/31
Trajektorienverlauf in der $(n, \Delta s)$-Ebene

Drehzahl n_{max} aufrechterhalten, also gerade das Reibungsmoment M_R decken. Die Abweichung Δs wird nun mit höchstmöglicher Geschwindigkeit abgebaut. Um rechtzeitig im Nullpunkt $\Delta s = 0$ in Ruhe zu kommen, also $n = 0$ zu erreichen, muß rechtzeitig auf maximales Verzögerungsmoment umgeschaltet werden. In der Phasenebene entspricht dies einem Übergang auf die Bremstrajektorie 3. Für kleinere Werte Δs_a der anfänglichen Regeldifferenz Δs wird die zulässige maximale Drehzahl n_{max} gar nicht erreicht. Der Umschaltvorgang von Beschleunigen auf Bremsen erfolgt unmittelbar nach dem Beschleunigungsvorgang. Ein solcher Vorgang ist der Übergang von der Trajektorie 1′ auf die Bremstrajektorie 3 im Bild 3/31. Sie ist die gesuchte optimale Kennlinie des s-Reglers.

Diese optimale Schaltlinie, also das Gesetz des s-Reglers, ist in [3.8] abgeleitet. Sie folgt der Beziehung

$$s_{\Delta \mathrm{opt}} = -K_1 \cdot T_f n + K_2 T_f u_{f\mathrm{zul}} \ln \left(1 + \frac{|n|}{K_3 u_{f\mathrm{zul}}}\right) \operatorname{sign}(n) . \tag{3.58}$$

Diese mit Hilfe des Verfahrens der Phasenebene gewonnene Schaltlinie muß zur Berücksichtigung von Effekten, die bei der Behandlung in der Phasenebene vernachlässigt wurden, noch etwas modifiziert werden. Da außer der Feldzeitkonstanten T_f noch die zunächst vernachlässigten kleinen Zeitkonstanten T_s der Ansteuerung und T_A des Ankerkreises auftauchen, würde der Trajektorienverlauf nicht so wie im Bild 3/31 gezeigt, sondern so wie im Bild 3/32 gezeigt aussehen. Die zusätzlichen Verzögerungen führen dazu, daß beim Bremsvorgang die Trajektorie über die Schaltlinie S hinausläuft und sich anschließend eine Selbstschwingung ausbildet. Wie in [3.8] näher ausgeführt, läßt sie sich durch zwei Maßnahmen vermeiden. Mit Hilfe der Methode der Harmonischen Balance läßt sich erstens ein maximal zulässiger Verstärkungswert für den n-Regler berechnen, zweitens muß die optimale Schaltlinie von (3.58) um einen berechenbaren Wert verschoben werden. Untersucht man nun bei einem derartigen System den wichtigen Einfluß des betrieblich schwankenden Reibungsmomentes M_R auf die optimale Einstellung der Reglerkennlinie, so stellt man fest, daß diese um

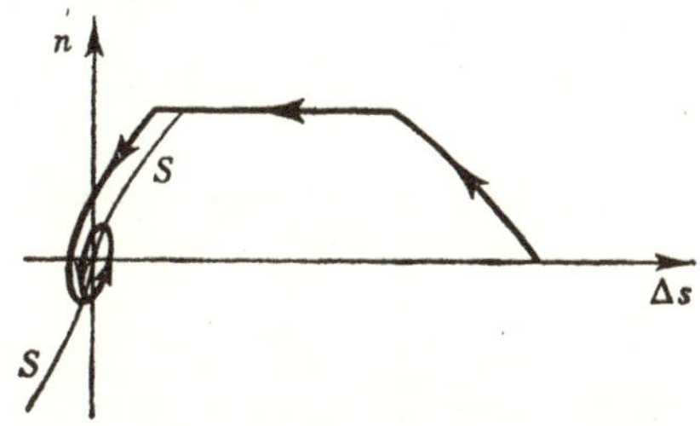

Bild 3/32
Auftreten einer Selbstschwingung

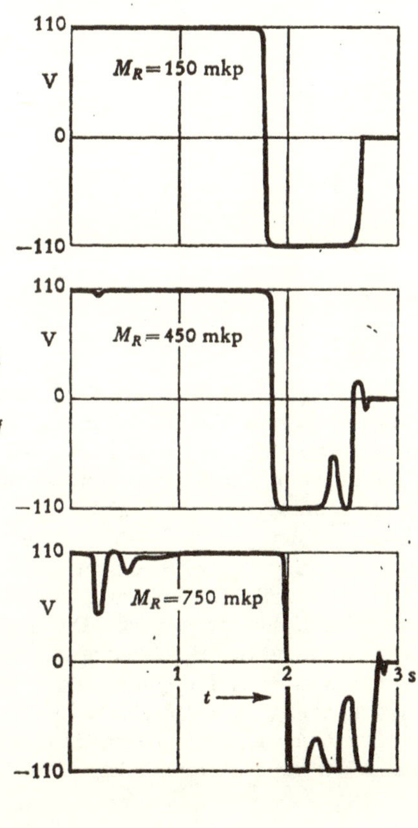

Bild 3/33
Feldspannung bei verschiedenen Reibungsmomenten bei Sollwertsprung $s_{soll} = 200$ mm

so steiler verlaufen muß, je größer M_R ist, um optimal schnell abzubremsen. Stellt man die Kennlinie etwa so ein, daß bei $M_R = 150$ mkp ein optimaler Anstellvorgang erreicht wird, bei dem also maximal schnell beschleunigt und gebremst wird, so wird bei größerem M_R diese Einstellung nicht mehr optimal sein, da beim Bremsvorgang auf Grund des größeren M_R, das die Bremsung ja unterstützt, eine viel schnellere Bremsung möglich wäre, als durch die fest eingestellte Lagereglerkennlinie möglich ist. Bild 3/33 zeigt für einen Sollwertsprung $s_{soll} = 200$ mm den Verlauf der Feldspannung

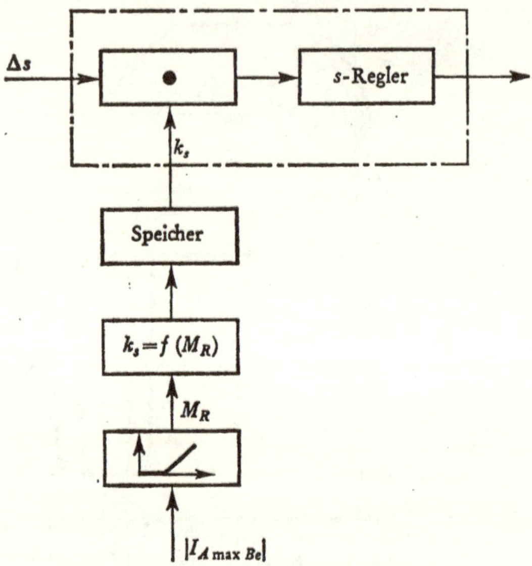

Bild 3/34
Adaptiver Anstellungsregler

u_f bei $M_R = 150$ mkp, $M_R = 450$ mkp und $M_R = 750$ mkp. Während bei $M_R = 150$ mkp die Feldspannung u_f sowohl beim Beschleunigen als auch beim Bremsen auf ihrem Grenzwert bleibt, führt die Vergrößerung des Reibungsmomentes dazu, daß u_f einbricht, so daß der Bremsvorgang nicht mehr schnelligkeitsoptimal abläuft.

Das läßt sich jedoch leicht erreichen, wenn der s-Regler, wie im Bild 3/34 gezeigt, adaptiert wird, indem er einen mit M_R wachsenden Verstärkungsfaktor k_s erhält. Die konkrete Durchführung dieser Adaption wird mit Hilfe eines Multiplikators bewirkt. Der jeweils erforderliche Verstärkungsfaktor k_s wird während des Beschleunigungsvorgangs ermittelt und anschließend von einem Speicher (Halteglied) in den Regler eingespeist. Der erforderliche Zusammenhang $k_s = f(M_R)$ wird für jede konkrete Anlage zweckmäßigerweise auf dem Analogrechner ermittelt, falls man sich nicht näherungsweise mit einem linearen Zusammenhang begnügen will.

Das Erkennungsproblem, also die Erfassung des variablen M_R, wird durch Messung der Ankerstromspitze $i_{A\max Be}$ während des Beschleunigungsvorganges gelöst. Es läßt sich nämlich zeigen, daß

$$M_R = k_a i_{A\max Be} + k_2$$

ist.

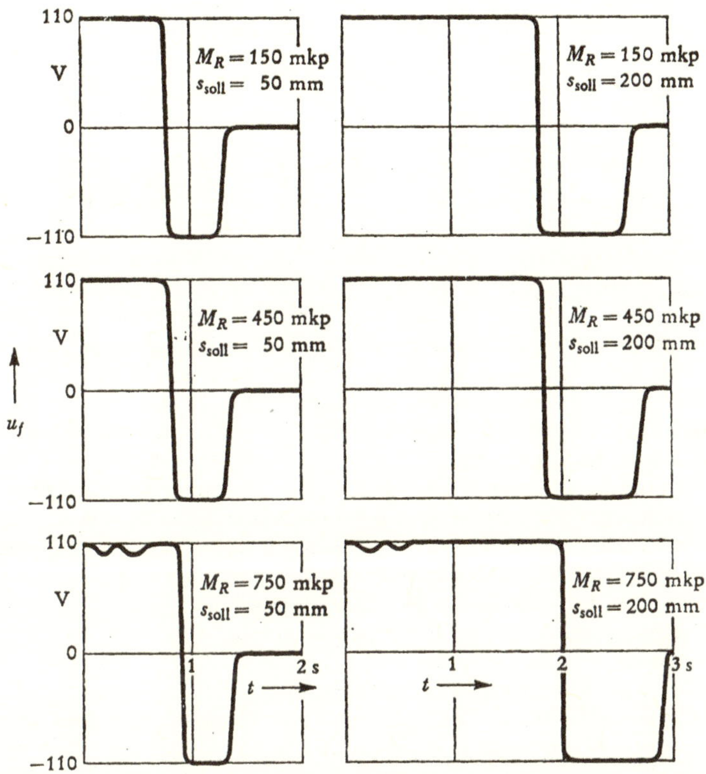

Bild 3/35

Feldspannungsverlauf bei adaptivem Lageregler für verschiedenes Reibungsmoment M_R und verschiedene Sollwerte s_{soll}

Bild 3/35 zeigt für ein Beispiel einer solchen adaptiv ausgeführten Anlage den Verlauf der Feldspannung u_f bei verschiedenen Sollwertvorgaben von s. Man erkennt, daß auch bei den großen Werten des Reibungsmomentes die Feldspannung nicht einbricht, so daß durch die Adaption eine Beibehaltung des schnelligkeitsoptimalen Verlaufs der Anstellung s erreicht wird.

3.10 Ergänzende Hinweise auf ausgeführte adaptive Regelungen

Diese Auswahl ausführlich besprochener Verfahren könnte beliebig vergrößert werden. Es seien noch einige ergänzende Hinweise gegeben. In [3.9] wird von CRAMER die Selbstoptimierung eines Rektifikationsprozesses zur Trennung eines Wasser-Äthylalkohol-Gemisches in der synthetischen Kautschukproduktion beschrieben. Güteindex ist der Heizdampfverbrauch Q_2, bezogen auf die produzierte Destillatmenge Q_1, also die Größe

$$F = \frac{Q_2}{Q_1},$$

die stets minimal sein soll. Die Gütefunktion hängt in komplizierter Weise von der Konzentration des Ausgangsgemisches Q, von der Temperatur T in der Kolonne und von dem statischen Druck p_1 im horizontalen Meßrohr des Destillates ab. Es wird ein Relais-Extremalregler mit automatischer Suche des Extremums nach dem Gradientenverfahren eingesetzt. Die von BERGHOLZ [3.10] beschriebene Selbstoptimierung eines Chlorwasserstoff-Ofens geht von einem einfachen Prozeßmodell mit zwei Kennlinien aus. Die eine der Kennlinien besitzt ein ausgeprägtes Minimum, das für den Prozeß den Optimalzustand bildet. Es wird ein Suchverfahren mit Ermittlung der Kennlinienneigung und davon abhängiger Errechnung des Einstellsignals benutzt. In [3.11] werden von STRÖLE Beispiele von Adaptivregelungen in der elektrischen Antriebstechnik behandelt: Die adaptive Drehzahlregelung eines Reihenschlußmotors und die Bandgeschwindigkeitsregelung einer Aufwickelhaspel für eine Längszerteilanlage, bei der das Trägheitsmoment der Haspel mit zunehmendem Wickelradius wächst.

Adaptive Verfahren bei der Lageregelung von Flugzeugen werden von SCHUCK [3.12] beschrieben.

Von LERNER [3.13] wird eine bereits 1954 anlagentechnisch realisierte adaptive Regelung der Brenner eines Stahlschmelzofens auf optimalen Brennstoffverbrauch angegeben. Als weiteres Beispiel wird in [3.13] eine selbstoptimierende Röhrenschweißanlage beschrieben.

Verschiedene Beispiele für Adaptivregelungen werden von GAMBLE in [3.14] gegeben. Erwähnt sei hier die Beschreibung der Adaptivregelung eines Flugtriebwerksystems. Von FUJII und KANDA [3.15] wurde eine Kesselregelung mit Selbstoptimierung des Kesselwirkungsgrades angegeben. Zahlreiche weitere Beispiele findet man bei FELDBAUM [3.16], etwa die Prozeßregelung bei einem Lichtbogenofen, die Steuerung von Rohrschweißmaschinen, die Selbstoptimierung von thermischen Krackprozessen, die optimale Steuerung eines chemischen Reaktors oder die Selbstoptimierung des Beschickungsablaufes bei einem Hochofen. Weitere Beispiele findet man in [3.17] bis [3.26].

Literatur

[3.1] P. C. Gregory (ed.): Proceedings of the Self-Adaptive Flight Control Systems Symposium, WADC Techn. Rept. 59—49, Ohio, 1959

[3.2] R. F. Drenick, R. A. Shabender: Adaptive Servomechanisme, Trans. AIEE 76 (1957), 2, S. 286—291

[3.3] F. Mesch: Zweipunktregler mit Selbsteinstellung, Regelungstechnik 11 (1963), 6, S. 241—247

[3.4] J. Eß: Ein Selbsteinstellkreis für Zweipunktregelungen, Regelungstechnik 11 (1963), 9, S. 388—393

[3.5] E. Mishkin, L. Braun (Hrsg.): Adaptive Control Systems, Verlag McGraw-Hill Book Comp., New York, 1961

[3.6] W. Weber: Ein systematisches Verfahren zum Entwurf linearer und adaptiver Regelungssysteme, Dissertation TH Karlsruhe, 1966

[3.7] F. Haberstock, F. Kümmel: Verfahren und Sollwertgeber zur Sollwertvorgabe bei der Drehzahlregelung eines elektromotorischen Antriebs, Patentanmeldung v. 7. 6. 62 Licentia L 42 164 VIII b/21 c, 59/36

[3.8] D. Franke, P. Schiefer, W. Weber: Schnelligkeitsoptimale Regelung der Oberwalzenanstellung einer Blockstraße, Regelungstechnik 17 (1969), 5, S. 197—204

[3.9] S. Cramer: Extremregelung einer Zweistoff-Rektifikationskolonne, Zeitschrift f. Messen, Steuern, Regeln 9 (1966), S. 335—341

[3.10] G. Bergholz: Zum Entwurf von Steuerungsalgorithmen für ein Extremalsystem mit hochfrequenten Objektstörungen, Zeitschrift f. Messen, Steuern, Regeln 9 (1966), 8, S. 280—282

[3.11] D. Ströle: Typische Adaptionssteuerungen bei geregelten elektrischen Antrieben, Regelungstechnik 15 (1967), 3

[3.12] O. H. Schuck: Adaptive flight control, Automatic and Remote Control, Proceedings of the IFAC-Congress in Moscow 1960, Ed. J. F. Coales, Verlag R. Oldenbourg, München (1961), S. 645—652

[3.13] A. Ya. Lerner: The use of self-adjusting automatic control systems, s. 3.12 S. 226—230

[3.14] E. H. Gamble: Several practical applications of simple adaptive controls to improve systems performance, s. 3.12 S. 246—251

[3.15] S. Fujii, N. Kanda: An optimalizing control of boiler efficiency, Automatic and Remote Control, Proceedings of the IFAC-Congress in Basle (1963), Verlag R. Oldenbourg, München (1964), S. 380—389

[3.16] A. A. Feldbaum: Rechengeräte in automatischen Systemen, Verlag R. Oldenbourg, München, 1962

[3.17] W. H. Ray, R. Aris: An adaptive Control of the Batch Reactor, A more sophisticated Controler, Automatica 4 (1967), 3, S. 139–161

[3.18] F. Moran, C. S. Berger, D. Xirokostas: Development and Application of Self-Optimizing Control to Coal-Fired Steam-Generating Plant, Proc. Inst. Electr. Engrs. 115 (1968), 2, S. 307–317

[3.19] R. J. Price, D. W. Rippin: Simultaneous Two Variables Online Optimisation of Water-Gas Shift Reactor, Advances in Computer Control, Bristol, (1967), Conference Publication: Inst. of. Electr. Engrs. Paper 21

[3.20] D. R. Wilson: Adaptive Compensation of Mechanical Resonances, Electronic Letters 3 (1967), S. 553

[3.21] J. Eß, Ch. Lutz, M. Rubruck: Ein adaptiv gesteuerter Regler, eingesetzt als digitaler Registerregler, Siemens-Zeitschrift 41 (1967), S. 380

[3.22] High Performance Aircraft and Adaptiv Control, Control 11 (1967), S. 110

[3.23] D. V. Stallard: A Missile Adaptive Roll Autopilot with A New Dither Principle, IEEE-Trans. 11 (1966), S. 368–378

[3.24] P. Profos: Investigation on the Optimum Setting of the Superheater Temperature Control, Brennstoff-Wärme-Kraft 18 (1966), S. 326–332

[3.25] M. G. Eskin: Automatic Control of the Turbine Drilling Process by Means of Adaptive Systems, Automation and Remote Control (1966), S. 552

[3.26] E. P. Sarkisyan e. a.: Adaptive Automatic Control System for Obtaining Aluminium by the Electrolytic Process Using a Computing Device, Automation and Remote Control (1966), S. 563

[3.27] G. C. Newton, L. A. Gould, J. F. Kaiser: Analytical design of linear feedback controls, Verlag John Wiley, New York, 1957

4. Grenzen adaptiver Verfahren in Regelungssystemen

Nur ein prozentual recht kleiner Teil ausgeführter industrieller Regelungssysteme ist bisher mit adaptiven Verfahren behandelt worden. Zum einen liegt es daran, daß bisher die meisten Regelungsprobleme auch mit nicht adaptiven Methoden bewältigt werden konnten. Auch im Falle von Prozeßschwankungen können häufig konventionelle Regler brauchbar sein, wenn die Regelkreisauslegung gegen diese Schwankungen in einem gewissen Bereich unempfindlich gemacht wird. Untersuchungen über die Empfindlichkeit von Regelsystemen und über Methoden der unempfindlichen Auslegung von Regelkreisen sind so zahlreich angestellt worden, daß hier stellvertretend nur die Arbeiten [4.12] und [4.13] von Horowitz und etwa das Lehrbuch [4.14] von Tomovic genannt seien. Zum anderen liegt es daran, daß bei der Anwendung abstrakt entwickelter Methoden auf ein konkretes Problem häufig Anpassungsschwierigkeiten auftauchen. Zum Beispiel kann es sein, daß die Identifikationszeiten des benutzten Verfahrens viel zu groß sind, oder das Adaptivverfahren setzt quasistationäre Parameter voraus, während das vorliegende Problem schnell veränderliche Parameter besitzt, oder der kostenmäßige Aufwand des herangezogenen Adaptivverfahrens ist erschrekkend hoch. Beim derzeitigen Stand werden also Adaptivregelverfahren auf industrielle Problemstellungen stets dann angewendet, wenn es auf Grund der gestellten Anforderungen keine andere Möglichkeit mehr gibt, so daß auch ein größerer Kostenaufwand in Kauf genommen wird.
Besondere Verbreitung von Adaptivregelungen läßt sich aus der Anwendung von Prozeßrechnern in Regelkreisen, etwa bei DDC-Regelungen, erwarten. Hier wird der „normale“ Aufwand für das geregelte System durch die Kosten des Prozeßrechners und seiner Peripherie bestimmt. Eine Anwendung von Adaptivverfahren äußert sich dann im wesentlichen in der Form des Prozeßrechner-Algorithmus, der auf Grund der adaptiven Gesichtspunkte komplizierter, aber gerätetechnisch nicht aufwendiger wird.
Ein wesentlicher, im vorstehenden nicht angesprochener Gesichtspunkt der Adaptivregelungen ist die Frage nach der Stabilität. Folgende Merkmale adaptiver Regelungssysteme wirken sich auf eine systematische Stabilitätsanalyse ungünstig aus:
Jedes reale adaptive Regelungssystem vereinigt eine größere Anzahl von Elementen heterogenen Charakters:
Konventionelle lineare Übertragungsglieder,
Abtastglieder, digitale Algorithmen,

nichtlineare Glieder verschiedenen Typs wie
Kennlinien und Multiplikatoren, sowie schließlich zeitvariante Glieder.

Darüber hinaus sind besonders die stets auftretenden Vermaschungen wegen ihres nichtlinearen Charakters für eine Stabilitätsanalyse ein erschwerender Faktor.

Die bekannten Stabilitätsmethoden sind auf bestimmte Typen solcher Systeme zugeschnitten, vermögen jedoch nicht, ein System zu bewältigen, in dem alle Typen kombiniert auftreten.

In einigen wenigen Spezialfällen können Verfahren zur Stabilitätsanalyse angegeben werden. Besonders häufig werden Methoden aus der Theorie gewöhnlicher Differentialgleichungen herangezogen, die sich mit parametervariablen Differentialgleichungen beschäftigen. In [4.1] wird z. B. die Stabilität von linearen Systemen beliebiger Ordnung mit einem einzigen sinusförmig zeitvarianten Parameter betrachtet. Die in [4.2] von Mejerow behandelte Problemstellung gestattet in gewissen Fällen die Behandlung des Stabilitätsproblems in parameteradaptiven Regelsystemen mit mehreren zeitveränderlichen Parametern. Die Arbeit [4.3] gibt ein Verfahren zur Untersuchung von linearen Regelsystemen mit periodischen Parameterstörungen an.

Eine weitere Gruppe von Autoren wendet sich der Erweiterung des Geltungsbereiches des Popow-Kriteriums auf parametervariable Übertragungsglieder zu [4.2, 4.4]. Sowohl diese Versuche, als auch Arbeiten, die die Zweite Methode von Ljapunow für die Stabilitätsanalyse adaptiver Regelungssysteme anpassen [4.5], sind nur für spezielle und zwar für die allereinfachsten adaptiven Regelungssysteme anwendbar.

Gerade die Verschiedenartigkeit der adaptiven Methoden in ihren Entscheidungsprozessen und Modifikationen scheint der Grund dafür zu sein, daß, wenn überhaupt zugkräftige theoretische Verfahren zur Stabilitätsanalyse gefunden werden sollten, diese sich immer nur auf bestimmte adaptive Methoden beziehen können. So ist etwa die Arbeit [4.6] speziell Stabilitätsproblemen gewidmet, wie sie bei dem in Abschnitt 3.5 behandelten Adaptivverfahren von Anderson, Buland und Cooper auftreten.

Es bleibt also im Normalfall nichts anderes übrig, als ein adaptives Regelungssystem auf einem Analog- oder Digitalrechner nachzubilden und dort sein Stabilitätsverhalten wie seine sonstigen dynamischen Eigenschaften zu untersuchen.

Die genannten Grenzen adaptiver Regelungssysteme sind sicher in starkem Maße auf das bisherige Fehlen einer allgemeinen Theorie dieses Gebietes, in die sich die Einzelmethoden einordnen lassen, zurückzuführen.

Einen Versuch eines sehr allgemeinen theoretischen Fundamentes und einer geschlossenen Theorie, in die sich u. a. auch die adaptiven Regelungssysteme einordnen lassen, stellt die Theorie der „Dual Control" dar, die von A. A. Feldbaum [4.8—4.11] zu Beginn der 60er Jahre entwickelt wurde. Sie wurde

in den vorliegenden beiden Bändchen jedoch nicht behandelt, um den Rahmen einer Einführung nicht zu sprengen.
Die angenommenen Eingangsgrößen eines Systems in der Theorie der „Dual Control" werden, nur durch ihre apriori-Wahrscheinlichkeitsdichtefunktionen charakterisiert, eingeführt. Ergodizität und Stationarität der betrachteten Prozesse wird hierbei nicht gefordert. Mit Hilfe von Beziehungen des Bayes-Typs berechnet ein Regelrechner ständig aus den apriori-Wahrscheinlichkeitsdichten und der Beobachtung der Systemreaktion über bedingte Wahrscheinlichkeitsdichten neue aposteriori-Wahrscheinlichkeitsdichtefunktionen. Er sammelt also im Laufe der Zeit anwachsende Erfahrungen über das zu steuernde Objekt. Gleichzeitig liefert der Regelrechner die im Sinne eines Optimalitätskriteriums optimalen Steuergrößen. Optimierungsziel ist die Minimierung des mathematischen Erwartungswertes einer frei vorzugebenden Optimierungsfunktion. Die Lösung dieser Optimierungsaufgabe wird unter Benutzung von rekursiven Formeln der „Dynamischen Programmierung" vorgenommen.
Der Regelrechner leistet also gleichzeitig die Aufgaben der Prozeßerkennung, des Entscheidungsprozesses und der Modifikation seiner eigenen Steuereigenschaften.
Von Seiten der „Dual Control" her könnte also die bislang fehlende theoretische Gesamtkonzeption für adaptive Regelungssysteme entstehen.
Die Anwendung von „Dual Control" setzt jedoch das Vorhandensein von sehr leistungsfähigen Prozeßrechnern voraus, wie sie dem Regelungstechniker erst in den nächsten Jahren in größerem Stil zur Verfügung gestellt werden dürften.

Literatur

[4.1] W. W. Cooley, R. N. Clark, R. C. Buckner: Stability in Linear Systems Having a Time — Variable Parameter, IEEE-Trans. on Automatic Control (1965) S. 426—434

[4.2] M. V. Mejerow: Methods of Synthesis of Structures Equivalent to Self-Adjusting Systems for Plants with variable Parameter, Proc. IFAC-Symp. on Theory of Self-Adaptive Control Systems (1965), Teddington, S. 186—194, Plenum Press, New York 1966

[4.3] W. Schiehlen, O. Kolbe: Ein Verfahren zur Untersuchung von linearen Regelsystemen mit periodischen Parametern, Regelungstechnik 10 (1967) S. 451—455

[4.4] D. H. Eller, J. K. Aggarwal: On the Stability of Time-Varying Systems, IEEE-Trans. on Automatic Control Vol. 111 (1966) S. 746

[4.5] R. Tarjan: Problems of stability of adaptive control systems, Proc. IFAC-Symp. on Optimal and Adaptive Control, Rom 1962, S. 125 bis 136

[4.6] V. M. Kuntsevich: Investigation of the Stability of the Somplest Adaptive Systems, Automation and Remote Control 1965, Teil 2, S. 1367—1377

[4.7] J. H. Noland: Stability Analysis of a Rapidly Adapting Control System, AIEE Trans. (App. and Industry), Vol. 81 (1962) S. 197 bis 203

[4.8] A. A. Feldbaum: Dual Control Theory I — IV, Automation and Remote Control,
1961 S. 874—880,
S. 1033—1039,
1962 S. 1—12
S. 109—121

[4.9] A. A. Feldbaum: Optimal Control Systems, Academic Press, New York, 1965

[4.10] A. A. Feldbaum: On Optimal Control by Markov Objects Automation and Remote Control, 1962, S. 927—941

[4.11] A. A. Feldbaum: On Problems in Dual Control Theory, in „Automatic and Remote Control", Butterworth, London, 1963

[4.12] I. M. Horowitz: Plant Adaptive Systems vs. Ordinary Feedback Systems, IRE Trans. on Automatic Control, Vol. AC 7, (Jan. 1962)

[4.13] I. M. Horowitz, J. A. Rolnik: Feedback Control System Synthesis for Plants with Large Parameter Variations, Preprints II IFAC-Symposium on „System Sensitivity and Adaptivity", August 1968, Dubrovnik, Paper E 1

[4.14] R. Tomovic: Sensitivity analysis of dynamic systems, McGraw-Hill Book Comp., Inc., New York, 1963

Weiterführende Literatur über adaptive Regelungssysteme aus den Jahren 1965–1969

Die im folgenden gebotene Auswahl chronologisch geordneter Schrifttumshinweise stellt die Fortsetzung der im ersten Bändchen begonnenen Sammlung dar.

Jahrgang 1965

Yu. A. Baryshnikow, I. N. Pechorina: Anwendung von Spektralanalysatoren in einem selbsteinstellenden System, Avtomatika i Telemekhanika 26, 1965, 10, S. 1728–1736, (russ.)

S. S. L. Chang: On the relative time of adaptive processes, IEEE-Trans. on Automatic Control 10, 1965, S. 11–17

A. J. Dymock, J. F. Meredith, A. Hall, K. M. White: Analysis of a type of model reference adaptive control system, Proc. Inst. Electr. Engineers (GB) 112, 1965, 4, S. 743–753

A. Fossard, A. Piedplat: Selbsteinstellung durch Frequenzgangveränderung, Automatisme (France) 10, 1965, 2, S. 61–65, (franz.)

D. Graupe, G. Cassir: Adaptive control system utilizing sampling techniques and Aitken's approximation, Electronic Letters (GB) 1, 1965, 5, S. 120–122

C. D. Hall: An adaptive process optimizer Control (GB) 9, 1965, S. 253–258

P. H. Hammond (ed.): Theory of self-adaptive control systems, Proceedings of the 2nd, IFAC-Symposium, Teddington, England, Sept. 1965, Verlag Plenum Press, New York, 1965

Y. C. Ho: Adaptive design of feedback controllers for stochastic systems, IEEE-Trans. on Automatic Control 10, 1965, 3, S. 367–368

Y. C. Ho: Identification of linear dynamic systems, Information and Control 8, 1965

M. Kanefsky, J. B. Thomas: On adaptive detectors for two-input systems, IEEE-Trans. on Automatic Control 10, 1965, 4, S. 427–433

V. Ya. Katkovnik, R. A. Poluektov: The synthesis problem for optimal multidimensional automatic control system, Automation and Remote Control 26, 1965, 1, S. 17–26

W. W. Kershow: Adaptive Control by plant identification, Control Engineering 1965, 9, S. 103–110

M. Klim, N. Ula: An empirical Bayes approach to adaptive control, J. Franklin Institute (USA) 280, 1965, 3, S. 189–204

M. D. Klimovitski: Regelung von Prozessen mit veränderlichen Parametern, Avtomatika i Telemekhanika 26, 1965, 1, S. 168–172, (russ.)

I. N. Krutova, V. I. Rutkovski: Die Wahl der Parameter selbsteinstellender Systeme mit Modell, Avtomatika i Telemekhanika 26, 1965, 2, S. 223–234, (russ.)

I. N. Krutova, V. I. Rutkovski: Analysis of second-order self-organizing systems with a model, Automation and Remote Control 26, 1965, 1, S. 73–86

V. I. Kuktenko, V. E. Mitjurina: Über ein Verfahren zur Entwicklung adaptiver Systeme mit festgelegten Frequenzkennlinien, Avtomatika i Telemekhanika 26, 1965, 3, S. 475 bis 484, (russ.)

V. M. Kuntsevich: Untersuchung der Stabilität einfacher adaptiver Systeme, Avtomatika i Telemekhanika 26, 1965, 5, S. 1391–1402, (russ.)

D. T. Magill: Optimal adaptive estimation of sampled stochastic processes, IEEE-Trans. on Automatic Control 10, 1965, 4, S. 434–439

I. Matyas: Statistische Optimierung, Avtomatika i Telemekhanika 26, 1965, 2, S. 246 bis 253

G. N. Nacinkina, M. A. Shnaidman: Einsatz von Relaiskorrelatoren zur Bestimmung der Frequenzkennlinien in adaptiven Systemen bei stationären Störungen, Avtomatika i Telemekhanika 26, 1965, 5, S. 792–801, (russ.)

K. B. Novkin: Anwendung von Theorien zum quadratischen Mittelwert auf lineare selbsteinstellende Modelle, Avtomatika i Telemekhanika 26, 1965, 7, S. 1216–1222, (russ.)

A. E. Pearson, P. E. Sarachik: On formulation of adaptive optimal control problem, J. Basic Engineering 87, 1965, 1, S. 125–134

H. J. Perlis: A self-adaptive system with auxiliary adjustment prediction, IEEE-Trans. on Automatic Control 10, 1965, 3, S. 361–362

H. J. Perlis: The application of the supplementary degrees-of-freedom in adaptive systems, IEEE-International Convention Record 6, 1965, S. 62–67

R. J. Rayzak, R. A. V. Thomas: Adaptive optimally switched control system using digital techniques, Electronics Letters (GB) 1, 1965, 8, S. 221–222

V. I. Rutkovski: Transient processes in searchless self-adaptive systems with reference-model and slowly varying control, Avtomatika i Telemekhanika 26, 1965, 4, S. 642–653

P. E. Sarachik: Identification of the steady state operator for discrete self-optimizing systems, IEEE-Trans. on Automatic Control 10, 1965, 1, S. 83–85

J. Stephan: Empfindlichkeitsuntersuchungen einiger Methoden zur Kennwertermittlung von Regelstrecken, Zeitschrift f. Messen, Steuern, Regeln 8, 1965, 2, S. 35–38

B. F. Womack, J. T. Watt: A two-parameter adaptive system using a sinusoidal test signal IEEE-Trans. on Automatic Control 10, 1965, S. 194–197

P. C. Young: The determination of the parameters of a dynamic process, Radio Electronic Engineers (GB) 29, 1965, 6, S. 345–361

Jahrgang 1966

M. Athaus: On the Uniqueness of the extremal controls for a class of minimum fuel problems, IEEE Trans. on Automatic Control (USA) 11, 1966, 4, 660–668

R. Bellman, R. Kalaba, R. Sridhar: Adaptive Regelung durch Quasi-Linearisierung und Differential-Approximation, Computing 1, 1966, 1, S. 8–17

E. V. Bohn, R. E. Butler, M. R. Mukerjee: Parameter-tracking models for adaptive control systems, Proc. Inst. Electr. Engineers (GB) 113, 1966, 2, S. 378–384

W. D. T. Davies: A self-optimizing proportional-plusintegral controller, Control (GB) 10, 1966, S. 594–598

R. G. Gerhardt: Zur Kennlinienermittlung von Regelstrecken durch Parallelkompensation, Zeitschrift f. Messen, Steuern, Regeln 9, 1966, 6, S. 204–208

H. V. Gurnraja, B. L. Deekshatulu: Mean square error versus parameter curves for model reference adaptive systems with sinusoidal input, Internat. J. Control (GB) 3, 1966, 6, S. 565–586

H. V. Gurnraja, B. L. Deekshatulu: Process identification and adaption by high frequence sinusoidal test signal, Intern. J. Control (GB) 4, 1966, 6, S. 567–584

R. L. Haken, A. W. Naylor: A new method of designing time-varying, linear feedback systems, Intern. J. Control (GB) 4, 1966, 2, S. 137–151

V. O. Kazakevich: Algorithmus for most rapid search in pulsed extremal control systems, Automation and Remote Control 27, 1966, 12, S. 2068–2077

I. Korobow, V. Broida: Two-dimensional self-adaptive system employing frequency-responsive servo-mechanismus, Control 10, 1966, 95, S. 276–277

A. I. Litt: System identification in the presence of noise by digital techniques, IEEE International Convention Record 6, 1966, S. 152–166

J. Maršik: Versuch mit einem selbsteinstellenden Modell zur automatischen Kennwertermittlung von Regelstrecken, Zeitschrift f. Messen, Steuern, Regeln 9, 1966, 6, S. 210 bis 213

P. C. Parks: Liapunov redesign of model reference adaptive control systems, IEEE-Trans. on Automatic Control 11, 1966, 3, S. 362–367

W. Peinke: Adaptive Steuerung der Reglereinstellung mit einfachen Mitteln, Regelungstechnik 14, 1966, 6, S. 274–277

H. Rake: Automatische Prozeßidentifizierung durch ein selbsteinstellendes System, Zeitschrift f. Messen, Steuern, Regeln 9, 1966, 6, S. 213–216

A. P. Sage, B. R. Eisenberg: Suboptimal adaptive control of a nonlinear plant, IEEE Trans. on Automatic Control 11, 1966, 3, S. 621–623

L. A. Steiner: Theorie der selbstanpassenden Regelsysteme, Bericht über ein IFAC-Symposium in Teddington, England, Regelungstechnik 14, 1966, 5, S. 233–237

Ja. S. Zypkin: Adaptive, lernende und selbstoptimierende Systeme, Avtomatika i Telemekhanika 27, 1966, 1, S. 23–61

H. Unbehauen: Kennwertermittlung von Regelsystemen an Hand des gemessenen Verlaufs der Übertragungsfunktion, Zeitschrift f. Messen, Steuern, Regeln 9, 1966, 6, S. 188 bis 191

Y. V. Venkatesh: Determination of pulse transfer function of time varying differential equations, Internat. J. Control (GB) 4, 1966, 1, S. 97–101

W. Weber: Adaptive Steuer- und Regelsysteme, VDI-Bildungswerk, Düsseldorf 1966

G. W. Werner: Anwendung des Impulsverfahrens zur Kennwertermittlung, Zeitschrift f. Messen, Steuern, Regeln 9, 1966, 6, S. 197–201

M. A. Aizerman, E. M. Braverman, L. I. Rozonoer: Wahl von Potentialfunktionen in symmetrischen Räumen, Avtomatika i Telemekhanika 10, 1967, S. 124–152, (russ.)

G. P. Akilov, L. V. Kanorovich, G. Sh. Rubinshtein: Extremal states and extremal controls. SIAM J. Control 5, 1967, 4, S. 600–608

M. S. Beck, N. E. Gough: A model reference adaptive control system using a cost function cirterion for driers and other dead-time processes, Internat. J. Control (GB) 5, 1967, 1, S. 55–76

D. Bell: Stability analysis of an adaptive aircraft-control system, Control (GB) 11, 1967, S. 125–127, 178–181

D. Bell: A hybrid computer study of a model-reference, parameter-tracking type of adaptive aircraft-control system, Advances in Computer Control, Bristol 1967, (London: Institution of Electrical Engineers, 1967 Converence Publication No. 29), S. 22–23

Z. Bubnicki: Konvergenzbedingungen bei automatischer Suche in diskreten optimalen Systemen, Avtomatika i Telemekhanika 1967, 10, S. 115–123, (russ.)

R. J. Burns, K. S. P. Kumar: Sensitivity considerations in specific optimum controls, International Journal of Control 5, 1967, 3, S. 289

R. L. Butchart: Design of model reference control systems using a Lyapunov synthesis technique, Proc. Inst. Electr. Engineers (GB) 114, 1967, 9, S. 1363–1364

D. W. Clarke, K. R. Godfrey: Simulation study of a two-derivative hill climber, Electronics Letters (GB) 3, 1967, 6, S. 261–262

E. B. Dahlin: On-line identification of process dynamics, IBM J. Res. Developm. 11, 1967, 4, S. 406–426

W. D. T. Davies: A self-adjusting controller, Brit. Chem. Engineers (GB) 12, 1967, 8, S. 1227–30

E. M. Deeley, J. E. Allos: Automatic focusing of an optical system by extremum control, Proc. Inst. Electr. Engineers 114, 1967, 1, S. 161–165

R. M. Dressler: An approach to model-referenced adaptive control systems, IEEE-Trans. on Automatic Control 12, 1967, 1, S. 75–80

M. J. Duckenfield: A survey of optimum control system theory, Control (GB) 11, 1967, S. 118–121

J. H. Eaton: Identification for control purposes, IEEE International Convention Record 3, 1967, (New York: Institute of Electrical and Electronics Engineers, Inc., 1967), S. 38–52

F. Fallside, N. Thedchanamoorthy: Predictive control using an adaptive fast model, Proc. Inst. Elect. Engrs. (GB) 114, 1967, 11, S. 1761–1771

J. B. Farison, R. E. Graham, R. C. Shelton jr.: Identification and control of linear discrete systems, IEEE-Trans. on Automatic Control 12, 1967, 4, S. 438–442

N. G. Gorelik: Zur statistischen Theorie von Extremalsystemen mit abhängiger Suche und multiplikativ oder additiv einwirkendem Rauschen, Avtomatika i Telemekhanika 1967, 7, S. 93–100, (russ.)

D. Graupe, A. R. Cassir: Adaptive control by predictive identification and optimization, IEEE-Trans. on Automatic Control 12, 1967, 2, S. 191–195

D. Graupe, G. R. Cassir: Control of multivariable systems by predictive optimization, Advances in Computer Control, Bristol 1967, (London: Institutions of Electrical Engineers, 1967 Conference Publication No. 29)

E. R. Ide, C. J. Tunis: An experimental investigation of a nonsupervised adaptive algorithm, IEEE-Trans. Electronic Comput. 16, 1967, 6, S. 860–864

A. G. Ivakhnenko: On constructing an extremum controller without hunting oscillations IEEE-Trans. on Automatic Control 12, 1967, 2, S. 144–153

A. G. Ivakhnenko: Design of extremum controller that does not hunt, Control (GB) 11, 1967, S. 71–74

V. I. Kukhtenko, V. E. Mityurina: Dynamische Probleme bei adaptiven Systemen mit stabilisierten Frequenzcharakteristiken, Avtomatika i Telemekhanika 1967, 7, S. 75–92, (russ.)

Y. S. Lee: A time-optimal adaptive control system via adaptive switching hypersurface, IEEE-Trans. on Automatic Control 12, 1967, 4, S. 367–73

L. G. Manusevich: Entwurf eines digitalen selbstoptimierenden Systems, Avtomatika i Telemekhanika 1967, 3, S. 57–65, (russ.)

E. P. Maslov: An estimate of accuracy in identification, Automation and Remote Control 27, 1967, 10, S. 1707–1710

S. M. Meerkov: Asymptotische Methoden zur Untersuchung von quasistationären Zuständen in kontinuierlichen selbstoptimierenden Systemen, Avtomatika i Telemekhanika 1967, 11, S. 119–139, (russ.)

R. V. Monopoli: Control of linear plants with zeros and slowly varying parameters, IEEE-Trans. on Automatic Control 12, 1967, 1, S. 80–83

R. V. Monopoli: Liapunov's method for adaptive controlsystem design, IEEE-Trans. on Automatic Control 12, 1967, 3, S. 334–335

K. C. Ng e. a.: Recent advances in a hill-climbing technique, Advances in Computer Control, Bristol 1967 (London: Institution of Electrical Engineers (1967) Conference Publication No. 29)

V. K. Obabkov: Theorie von selbstoptimierenden Mehrfachregelungen mit sinusförmigem Testsignal, Avtomatika i Telemekhanika 1967, 1, S. 54–61, (russ.)

P. C. Parks: Stability problems of Model-reference and identification systems, Advances in Computer Control, Bristol 1967 (London: Institution of Electrical Engineers (1967) Conference Publication No. 29)

I. I. Perel'man: Adaptionsmethode bei stufenförmigen Suchverfahren, Avtomatika i Telemekhanika 1967, 4, S. 80–93, (russ.)

P. H. Phillipson: Concerning "Liapunov Redesign Model Reference Adaptive Control Systems", IEEE-Trans. on Automatic Control 12, 1967, 5, S. 625

G. E. Pollon: Measurements for the control of a randomly time-varying linear system, IEEE-Trans. on Automatic Control 12, 1967, 2, S. 188–191

W. G. Rae: Fast model search control systems, Internat, J. Control (GB) 6, 1967, S. 537 bis 545

A. L. Riemenschneider, E. J. Mastascusa: Some comments on extremum control of continuons systems, IEEE-Trans. on Automatic Control 12, 1967, 4, S. 456

J. H. Rillings, R. J. Roy: Bang-bang control strategy using a tabular adaptive model, IEEE-Trans. on Automatic Control 12, 1967, 3, S. 310–312

P. D. Roberts: Self-adjustable orthogonal digital filters for system identification and optimisation, Proc. Instn. Elect. Engrs. (GB) 114, 1967, 5, S. 666–670

B. Shackcloth: Design of model reference control systems using a Lyapunov synthesis technique, Proc. Instn. Elect. Engrs. (GB) 114, 1967, 2, S. 299–302

Ta-Tung Lin, S. S. Yan: Bayesian approach to the optimization of adaptive systems, IEEE-Trans. Syst. Sci. Cybernetics 3, 1967, 2, S. 77–85

Jahrgang 1968

P. A. N. Briggs, D. W. Clarke, P. H. Hammond: Introduction to statistical identification methods in control systems, Control 1968, S. 233

A. R. Butz: Learning bang-bang regulators, IEEE-Trans. on Automatic Control 13, 1968, 1, S. 96–99

J. Gyüki: Bemerkungen zur Anwendbarkeit einiger Kennwertermittlungsmethoden, Zeitschrift f. Messen, Steuern, Regeln 1968, 4, S. 140

O. L. R. Jacobs, G. C. Shering: Design of a single-input sinusoidalperturbation extremum – control system, Proc. Instn. Elect. Engrs. (GB) 115, 1968, 1, S. 212–217

H. B. Kehre, G. S. Glinski: Identification of impulse response of linear systems and synthesis of system model, International Journal of Control 1968, 4, S. 317

W. G. Keckler: Optimum adaptive Control in an unknown environment; IEEE Trans. AC 13 (1968) S. 438–439

I. N. Krutova: Stability of an adaptive system with model for harmonic input signals; Automation and Remote Control 29, 1968 S. 99–108

V. E. Mityurina, V. Orlov: Stability of self-adjusting systems with Stabilized frequency response; Automation and Remote Control, 29 1968, S. 732—742

K.-J. Rehberg: Zur Bemessung von zwei Varianten eines Extremalsystems mit abhängiger Suche; msr 11, 1968, S. 369—375

F. A. Russo, R. J. Valde: Process performance computer for adaptive control systems; IEEE Trans. Comput. 17, 1968 S. 1027—1037

M. P. Sakharov: Simplification of sensitivity models in the design of self-adjusting and adaptive systeme; Automation and Remote Control 29, 1968 S. 743—747

R. L. Stratonovich: Does there exist a theory of synthesis of optimal adaptive, self-learning and self-adaptive systems; Automation and Remote Control, 29 1968, S. 83—92

Ya. Z. Zypkin: All the same, does a theory of synthesis of optimal adaptive Systems exist? Automation and Remote Control 29, 1968, S. 93—98

Jahrgang 1969

G. Bergholz: Zur Herstellung eines Extremalsystems auf einem Digitalrechner; msr 12, 1969, S. 67—71

V. Chalupa: Trainingsmethoden adaptiver Schwellenelemente; msr 12, 1969, S. 27—31

S. Cramer: Einfluß der Streckenkennwerte auf die Parameter und Gütekennwerte eines Extremalsystems mit unabhängiger Suche; msr 12, 1969, S. 63—66

S. Cramer: Übergangszeit in Relais-Extremalsystemen mit unabhängiger Suche; msr 12, 1969, S. 155—156

Z. Kotek: Adaptives Schwellenelement als lernendes System in der Regelungstechnik; msr 12, 1969, S. 31—34

Z. Kotek, V. Chalupa: Die Anwendung adaptiver Schwellenelemente als lernende Systeme in der Regelungstechnik; rt 17, 1969, S. 261—265

E. Martin: Zur Dimensionierung von Extremalsystemen mit periodischem Testsignal; msr 12, 1969, S. 34—40

D. B. Popović: Beispiele für adaptive Prozeßsteuerungen bei bekannter Struktur des Prozeßmodells; rt 17, 1969, S. 53—59

B. Porter, M. L. Tatnall: Performance characteristics of multi-variable model-reference adaptive systems synthesized by Ljapunow's direct method; Int. J. Control 10, 1069, S. 241—257

K.-J. Rehberg: Analyse des dynamischen Verhaltens eines Schrittextremalsystems; msr 12, 1969, S. 57—62

R. Schäbitz: Zur Stabilität eines diskontinuierlichen Extremalsystems bei Drift; msr 12, 1969, S. 136—139

P. Spiegel: Parametersteuerungen in elektrischen Antrieben; msr 12, 1969, S. 197—202

Ja. S. Zypkin: Über optimale Lern- und Adaptionsalgorithmen; msr 12, 1969, S. 24—27

Sachwortverzeichnis

www.ingramcontent.com/pod-product-compliance
Lightning Source LLC
LaVergne TN
LVHW042248300926
849161LV00003B/509
* 9 7 8 3 1 1 2 6 4 4 6 9 0 *